造成土大群

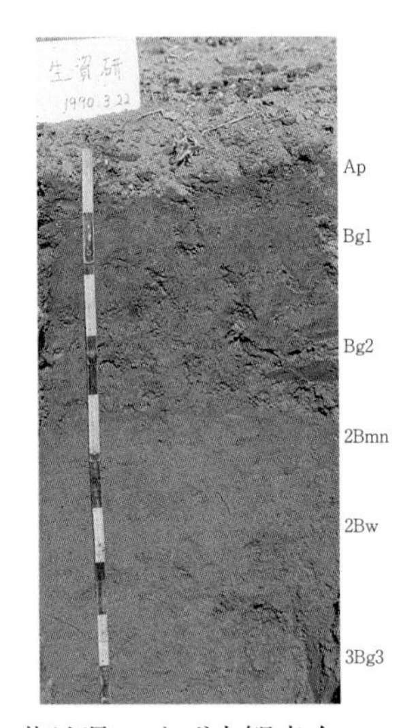

茨城県つくば市観音台
（水田）
（土壌の写真集，2015）

有機質土大群

北海道天塩郡豊富町
（湿原）
（前島 勇治・提供）

黒ボク土大群

Oi
A1
2A2
3A3
4Bw1
4Bw2

宮城県大崎市鳴子温泉
（野草地）
（前島 勇治・提供）

ポドゾル大群

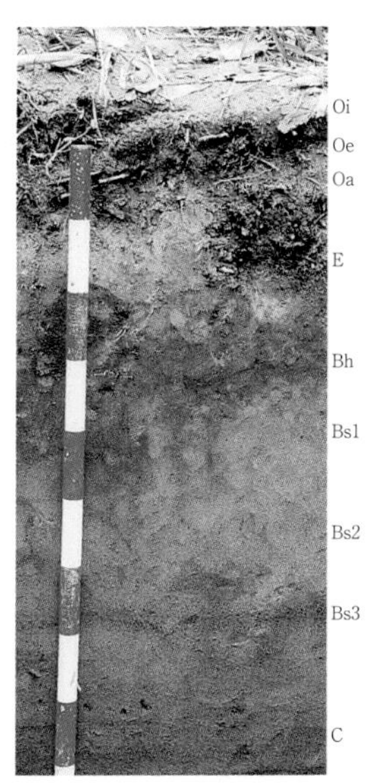

北海道枝幸郡浜頓別町
（海岸砂丘）
（前島 勇治・提供）

沖積土大群

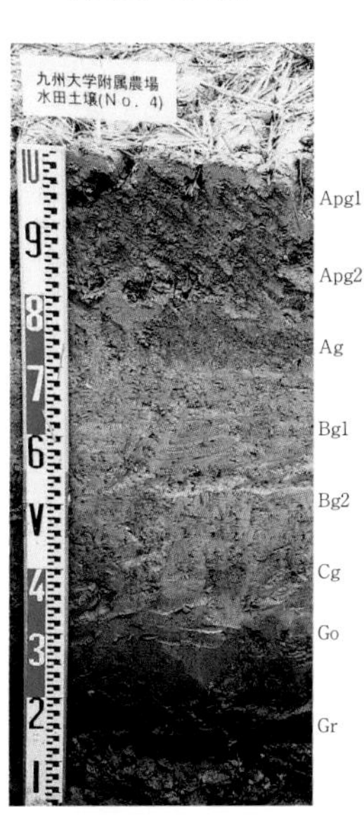

福岡県糟屋郡原町
（水田）
（前島 勇治・提供）

赤黄色土大群

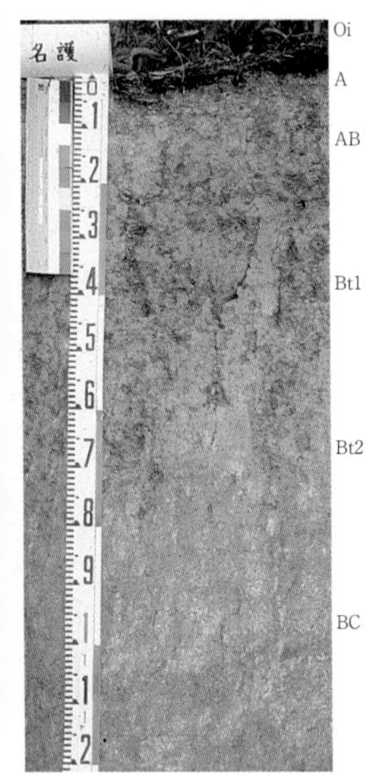

沖縄県名護市鳥小堀
（林地）
（土壌の写真集，2015）

停滞水成土大群

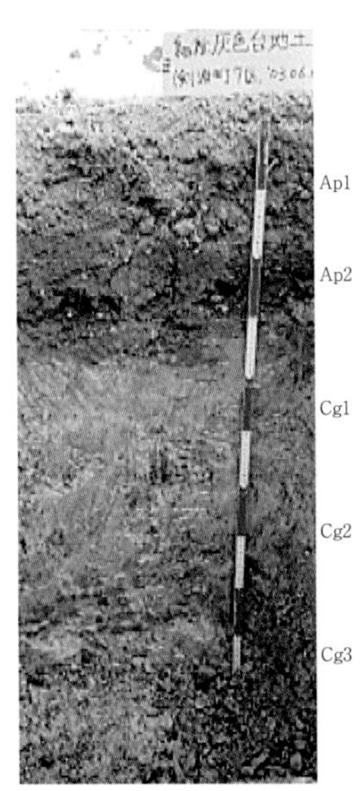

北海道上川郡剣淵町
（畑地）
（前島 勇治・提供）

富塩基土大群

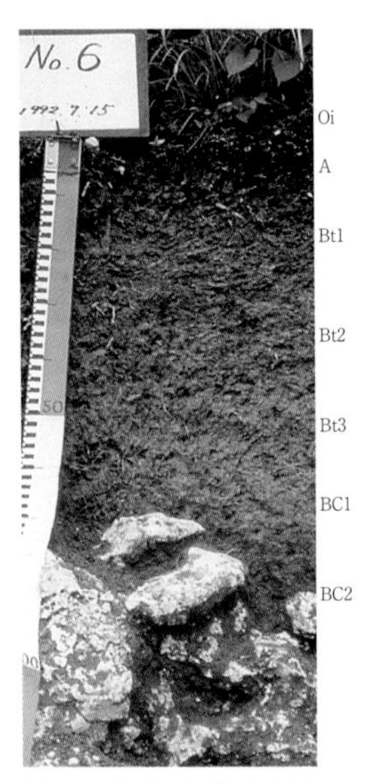

鹿児島県大島郡喜界町
（隆起サンゴ礁段丘面）
（永塚 鎮男・提供）

褐色森林土大群

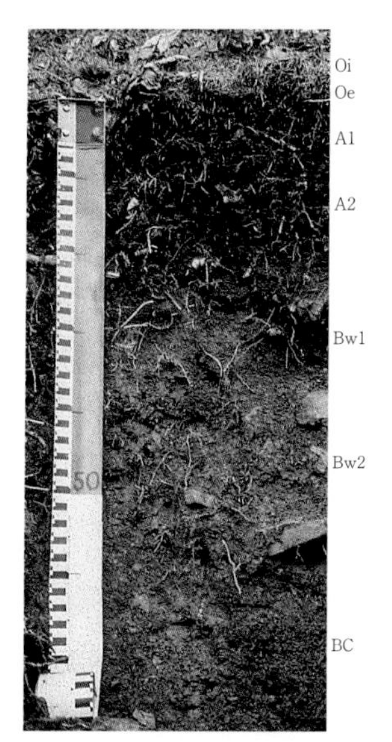

山梨県南アルプス市夜叉神峠
（標高 1,500 m）
（前島 勇治・提供）

未熟土大群

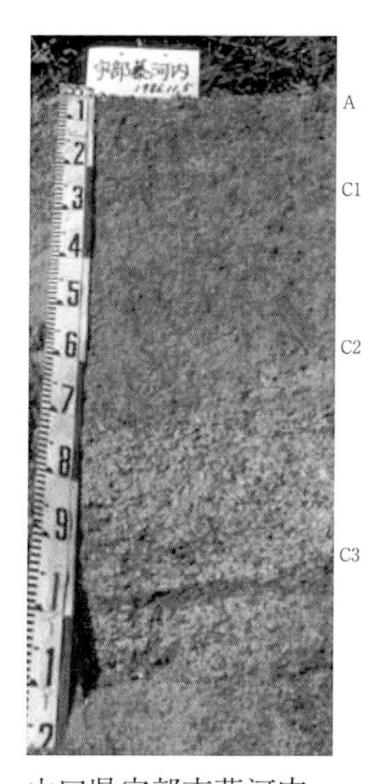

山口県宇部市藤河内
（茶園）
（土壌の写真集，2015）

改訂新版

土壌調査ハンドブック

日本ペドロジー学会編

博　友　社

土壌調査ハンドブック（改訂新版）編集委員会

代表　金子　真司　森林総合研究所

委員　浅野　眞希　筑波大学生命環境系
今矢　明宏　森林総合研究所
川東　正幸　東京都立大学都市環境学部
高田　裕介　農研機構農業環境研究部門
田中　治夫　東京農工大学農学研究院
前島　勇治　農研機構農業環境研究部門
三浦　英樹　国立極地研究所

執筆者　金子　真司　森林総合研究所
浅野　眞希　筑波大学生命環境系
今矢　明宏　森林総合研究所
川東　正幸　東京都立大学都市環境学部
高田　裕介　農研機構農業環境研究部門
田中　治夫　東京農工大学農学研究院
前島　勇治　農研機構農業環境研究部門
三浦　英樹　国立極地研究所

編集協力者

伊ケ崎　健太　国際農林水産業研究センター
高橋　純子　筑波大学生命環境系
西垣　智弘　国際農林水産業研究センター
若林　正吉　農研機構東北農業研究センター

土壌調査ハンドブック（改訂版）編集委員会

代表　浜崎　忠雄　農林水産省農業環境技術研究所

委員　安西　徹郎　千葉県農業試験場
竹迫　紘　明治大学農学部
田中　治夫　東京農工大学農学部
田村　憲司　筑波大学応用生物化学系
丹下　健　東京大学大学院農学生命科学研究科

改訂版執筆者

安西　徹郎　千葉県農業試験場
田中　治夫　東京農工大学農学部
田村　憲司　筑波大学応用生物化学系
丹下　　健　東京大学大学院農学生命科学研究科
浜崎　忠雄　農林水産省農業環境技術研究所

土壌調査ハンドブック（初版）編集委員会

代表　岩佐　　安　元・農林水産省農業環境技術研究所
委員　永塚　鎮男　筑波大学応用生物化学系
三土　正則　元・農林水産省農業環境技術研究所
八木　久義　東京大学大学院農学生命科学研究科

初版執筆者

天野　洋司　国際協力事業団筑波国際農業研修センター
岩佐　　安　元・農林水産省農業環境技術研究所
竹迫　　紘　明治大学農学部
永塚　鎮男　筑波大学応用生物化学系
浜崎　忠雄　農林水産省農業環境技術研究所
三土　正則　元・農林水産省農業環境技術研究所
八木　久義　東京大学大学院農学生命科学研究科

（氏名は五十音順）

初版，改訂版の編集委員と執筆者の所属は発行当時のもの

改訂新版 刊行のことば

土壌調査ハンドブックは，初版 1984 年，改訂版 1997 年と版を重ね，このたび再改訂版を発行する運びとなりました。地味な分野ながらも，農業現場においては，土壌調査への根強い需要があることがその背景と考えられます。これまでのみなさまのご愛顧に感謝するとともに，今後とも，より使いやすい土壌調査ハンドブックを目指して改善を続けていかねばと，決意を新たにしたところです。

日本ペドロジー学会では，2017 年 8 月 1 日付で『日本土壌分類体系』を公開いたしました。国内で長く用いられてきた農耕地土壌分類，林野土壌分類，といった用途別の土壌分類体系を統合し，世界で広く用いられているアメリカ農務省の Soil Taxonomy（2014）や，世界土壌資源照合基準（WRB 2014）などと同様，日本の統一土壌分類体系として利用していただくために作成したものです。本書にも，その概要を掲載しております。こちらもあわせて，土壌調査にご活用いただけると幸いです。

本書が土壌の観察，調査，研究の際の必携品として，土壌に関心をもつ多くの方々のお役に立ち，これまで以上にご愛用いただけることを心から願っております。最後に，本改訂新版の出版を快諾していただいた博友社社長大橋一弘氏に厚く御礼申し上げます。

2021 年 1 月 1 日

日本ペドロジー学会

前会長　櫻井　克年

改訂新版 はじめに

土壌調査ハンドブックの改訂版が発行されて20年が経過した。この間，本書は土壌調査に関心ある方々の根強い愛読を得て改訂版は第6刷に至った。

近年，パソコン等の情報機器やインターネットが広く普及し，土壌調査に必要な様々な情報の取得がインターネット経由で可能となってきた。また，土壌分類に関しては，2002年に日本ペドロジー学会の統一的土壌分類体系（第二次案）が提案され，農耕地や林地などすべての土地利用を対象とした包括的土壌分類第1次試案が提案されるなど，著しい進展があった。また，1998年にFAO/Unescoの分類をベースに土壌の国際的比較をめざした世界土壌資源照合基準（WRB）が提案されるとともに，アメリカのSoil Taxonomyも見直しされるなど，国際的土壌分類の情勢も大きく変化してきた。そこで本書の土壌調査法についての説明もこれらに対応できるように改訂する必要性が高まってきた。

以上の背景から，日本ペドロジー学会は，2015年に土壌調査ハンドブック改訂編集委員会を発足させ，改訂作業を進めてきた。

改訂の主要点および留意点は，次の通りである。

1）土壌分類に関する事項では，日本土壌分類体系（日本ペドロジー学会，2017）をベースに，包括的土壌分類第1次試案で補い，林野土壌の分類や農耕地土壌分類も必要に応じて用い，WRBやSoil Taxonomyも考慮に入れて説明するようにし

た。

2） 前回の改訂での方針を踏襲し，初心者でもハンドブックを順にめくって調査し，土壌断面調査票に記載していけば，自ずと土壌断面調査票のすべての項目を埋めることができるように配慮した。また，記載に必要な調査項目の区分と基準は，すべて同じ枠で囲み，現場ですぐに見つけやすいようにした。

3） 情報技術の進歩によって，地形図等の情報がインターネット経由でも取得可能になった。この点を踏まえて，土壌調査の事前準備の記述を大幅に変更した。また，これまでのハンドブックには，土壌調査に必要な許可の手続きや関係する法律の説明はなかったので，それらの説明を土壌調査の事前準備に加えた。

4） 調査に関する資料，土壌分類，関係公共機関等，記載は全面的に見直し，最新のものにするとともに必要ではなくなった事項は削除した。

5） 前回の改訂を引き継ぎ，土壌調査で使用する用語には英名を付した。

改訂に当たっては，FAO（2006）のガイドラインを参考にした部分も多いが，日本の自然環境や土地利用の歴史を踏まえて，わが国で培われた日本の土壌に適した優れた調査法は踏襲した。

本書は，野外で手軽に使える土壌調査のハンドブックであることを第一のねらいとしている。今回の改訂により，本文の体裁も実際の調査の手順にそろえられ，地点および断面の記載の項目順も，本文，土壌断面調査票，報告書等での文章記載すべてにおいて一致するように配慮したので，より一層使いやすいものになったと確信している。とはいえ，編集委員会の力量不

足のため，まだ不十分な点も多いと思われるので，ご批判，ご意見をお寄せ頂ければ幸いである。

2021 年 1 月 1 日

土壌調査ハンドブック改訂新版編集委員会

代表　金子　真司

目 次

1. 土壌調査の事前準備

「土壌調査は現場500回で一人前」という言葉を耳にしたことがある。誰しもがそれほど多く土壌に触れられるわけではない。それでも土壌調査を繰り返していくうちに，様々な土壌が存在していることがわかり，地形，母材，生物，気候，時間といった土壌生成因子が土壌の発達に重要な役割をはたしていることを実感できる。土壌を理解するには実際の土壌に触れることが第一である。ここでは，調査に必要な土地所有者の承諾や調査地の環境データの入手方法を説明する。

1.1 調査の許可申請

調査や研究現場においても，コンプライアンスの重要性は論を待たない。土壌調査を行う場合，その土地の所有者の承諾が必要であり，法令でその手続きが定められている場合もある（表1-1）。まず，調査を行う地域がどのような地区を含んでいるか，事前に確認する必要がある。

特別保護区などの範囲は，自治体や環境省などのウェブサイトで確認できる。国有林の範囲は各地の森林管理署のホームページから確認でき，許可申請などの手続きについては各地の森林管理局のホームページからその情報を入手できる。地権者の同意が必要な場合には，まずは自治体関係者などへの照会を行う方が良い。

「李下に冠を正さず」という言葉が示すように，許可なく他人の土地にシャベルを持って入ることがないように注意してほ

しい。

表1-1　土壌調査における許可・申請について[注1)]

調査地	申請書	申請書先	取り扱い	備考
国有林	入林申請書	森林管理署長	森林管理署	森林管理局ごとに書式が異なる
国立公園指定区域	許可申請書	環境省地方環境事務所長	環境省地方環境事務所	特別保護地区や特別地（第1種～3種）。
国定公園指定区域	許可申請書	都道府県知事	都道府県担当部署	
保安林	作業許可申請書	都道府県知事	都道府県の林業関係部署	一般に指定箇所は都道府県ホームページなどで確認できる。
史跡		文化庁長官	市町村の史跡担当	

1.2　調査地域に関する環境データ

調査に先立ち，調査地域の土壌環境の概略をつかんでおくことは，その場に立った時の観察をより深く多面的なものにすることができ，調査の効果を高める。そうした土壌環境の情報を知るための資料および入手方法を下記に示した。

注1）国有林の入林許可は管理局ごとに書式が異なるので，注意すること。国立公園の特別保護地区では許可は必須であるが，特別地域も試料を採取する場合は許可が必要となる。国定公園も国立公園と同様に手続きが必要である。保安林の作業許可申請は土地所有者の承諾が必要となる。

1.2.1 地形図

土壌調査を目的とする場合は一般に1/5万または1/2.5万地形図を用意する。調査地域の地形を把握するとともに調査地点の記録や土壌図の基図として用いる。通常，1/5万土壌図を作成する際には1/2.5万地形図を基図とする。地形図は国土交通省国土地理院が発行している。これらの地形図は国土地理院が公開しているウェブサイト「地理院地図（https://maps.gsi.go.jp/）」で閲覧することができ，地形図の印刷はもとより，任意地点の緯度経度情報や標高データの取得もできるので非常に便利である。

1.2.2 空中写真

調査地点付近の実体視による地形観察や調査地点の選定と地点の記録には，空中写真が地形図よりもすぐれている。土地利用状況，植生の判定や裸地状態では土壌の分布状態の判定ができる場合もある。なお，空中写真は上記の地理院地図をはじめ，多くのウェブ地図サイトで閲覧することができる。

空中写真は国土地理院が撮影しており，白黒写真では1989年以前に撮影された1/4万，1/2万，1/1万のものと，1990年以降に撮影された1/2.5万，1/1.25万のものがあり，カラー写真では1/2.5万，1/1.5万，1/1.25万，1/0.8～1万のものがある。

空中写真を地理情報システム（GIS）などに取り込んで研究用途に用いる場合には，写真を購入する必要がある。空中写真は地域によって入手できる種類や縮尺が異なるので，希望のものが入手できるかを販売元の日本地図センター[注2)]に問い合わ

注2）（一財）日本地図センター（https://www.jmc.or.jp/）

せる。

1.2.3　土地利用図

国土地理院発行の1/20万，1/5万（都市部周辺のみ），1/2.5万（山岳地帯を除く国土のほぼすべてをカバー）の土地利用図がある。一般には1/2.5万が使いやすい。これら土地利用図は上記の「地理院地図」から閲覧することができる。また，その他には国土交通省国土政策局国土情報課の1/20万土地分類図集の土地利用現況図（都道府県別）があり，国土交通省国土政策局が公開している国土調査（土地分類基本調査・水基本調査等）ホームページ（https://nlftp.mlit.go.jp/kokjo/inspect/inspect.html)」で閲覧およびGISデータのダウンロードをすることができる。

1.2.4　地形分類図および地質図

全国をカバーしているものとしては国土交通省国土政策局国土情報課（1974年6月までは経済企画庁総合開発局）の1/20万土地分類図集の中に地形分類図および表層地質図が収められている。これらの地図は都道府県別（北海道のみ8面）に，全部で54面ある。さらに詳しいものとして，国土交通省の土地分類基本調査による1/5万地形分類図および表層地質図があるが，現在も調査中である。これらの地図は上記の「国土調査（土地分類基本調査・水基本調査等）ホームページ」で閲覧することができる。また，1/20万土地分類図集については，上記ウェブサイトよりGIS用の地図データとしてダウンロードすることができる。国土地理院発行の1/2.5万土地条件図は地形図として最も詳しく，既刊地域は限られるが，「地理院地図」で閲覧することが可能である。

1.2.5　植生図

環境省自然環境局が公開しているウェブサイト「自然環境調査 Web-GIS（http://gis.biodic.go.jp/webgis/）」から1/2.5万現存植生図または1/5万現存植生図を閲覧することができる。現存植生図はGIS用のデータファイルとしてもダウンロードできる。環境省自然環境局生物多様性センター[注3)]では，1979年から1998年まで1/5万現存植生図を作成してきたが，1999年からは1/2.5万縮尺に切り替えて現存植生図の作成を継続している。

1.2.6　気象データ

土壌調査の目的に応じて調査地点付近の降水量，気温，相対湿度，積雪量，日照時間，風速・風向を気象庁のホームページ（http://www.jma.go.jp/jma/）から調べることができる。ホームページからは，最寄りの気象台（56か所），気象観測所（95か所），地域気象観測システム（AMeDAS：約1,300か所）などで観測されたデータを取得できる。また，日射量，蒸発散量，水田水温などの作物生産に重要な影響を与える気象要素については，農研機構 農業環境変動研究センターのホームページ（https://meteocrop.dc.affrc.go.jp/）から推定値を取得できる。さらに，標準3次メッシュ（約1km×約1km）単位で推定された気象予報値についても農研機構 農業環境変動研究センターが公開しているウェブサイト（https://meteocrop.dc.affrc.go.jp/real/）から利用申請することができる。

注3）　環境省自然環境局生物多様性センター（http://www.biodic.go.jp/）

1.3　調査地域の土壌に関する情報

全国の土壌分布を知るには，農研機構 農業環境変動研究センターが公開しているウェブサイト「日本土壌インベントリー（https://soil-inventory.dc.affrc.go.jp/）」で閲覧できる包括的土壌分類第1次試案土壌図が適している。当ウェブサイトでは，全国土を対象とした縮尺1/20万のデジタル土壌図および縮尺1/5万のデジタル農耕地土壌図を閲覧することができる。また，これらのデジタル土壌図は上記のウェブサイトよりGIS用のデータファイルとしてもダウンロードできる。縮尺1/20万のデジタル土壌図は，国土交通省が公開している縮尺1/20万土地分類基本調査の土壌図を基図としている。また，デジタル農耕地土壌図は，農林水産省で戦後まもなく実施された地力保全基本調査による成果をとりまとめた農耕地土壌図（1/5万のほか，都道府県をカバーする形での1/10万～1/20万がある）を基図としている。これら基図となった土壌図の図示区分は土壌図の作成当時の土壌分類方法によるものであり，土壌図作成時以降の土壌調査の成果が反映されていなかった。そのため，農研機構 農業環境変動研究センターでは，2012年から2015年の間に，土壌図の図示区分を最新の土壌分類方法に読み替え，既存の土壌調査の成果を土壌図に反映させたうえで，「日本土壌インベントリー」として公開した。

林野の土壌分類方法により描かれた土壌図については，国有林林野土壌図（1/2万）および民有林林野土壌図（1/5万）がある。林野土壌図は森林管理署（国有林），都道府県林業試験場（民有林）または森林研究・整備機構 森林総合研究所において閲覧することができる。

地域的な土壌情報では，北海道農業試験場（現農研機構 北海道農業研究センター）の土性調査報告（32編，22編以降は土壌調査報告，1/10万土壌図付，ただし第32編は総まとめで1/60万土壌図付），農業技術研究所（現農研機構 農業環境変動研究センター）の沖縄県土壌調査報告（1/10万土壌図付）などがあり，最近は市町村などでも土壌図が出されるなど数多い。日本土壌肥料学会各地方支部が発行している「○○の土壌と農業シリーズ」は，1996年に「関東の土壌と農業」が刊行されて，すべての地域が揃った。これらは地方土壌誌の性格をもっており，引用文献とともに参考になる。また，林地関係で同様なものに林業技術協会編「日本の森林土壌」がある。

1.4　調査用具

1.4.1　土壌断面調査票

調査結果を記入するために，図1-1のような土壌断面調査票を用いる。調査票および記載例については日本ペドロジー学会のホームページ（http://pedology.jp/）も参照されたい。

土壌断面調査票には地点情報として，地点番号，土壌の地域呼称・俗称，土壌分類名，調査日，調査者，調査地点（所在地・地番），標高，緯度・経度，所有者または耕作者，天候（当日と前日），気候，地表の形態，地表面の斜面の走向（クリノメーターによる測定），斜面方位（クリノメーターによる測定），斜面の傾斜角（クリノメーターによる測定），土壌断面の方位（クリノメーターによる測定），地表面の傾斜角（地形断面からの測定），傾斜角度区分，斜面型，斜面型上の相対位置，その他の地表の形態・起伏の特徴，地形の認定（中地形と小地形），地形の形成時代，基盤地質，地形構成物質，地形被覆物質，侵

土壌断面調査票

日本ペドロジー学会

地点番号	2.2-1)										
土壌の地域呼称・俗称	2.2-1)	土壌分類名	2.2-2)	調査日	2.2-3)	調査者	2.2-4)				
調査地点	2.2-1)	標高	2.2-1)	緯度経度	2.2-1)	所有者耕作者	2.2-1)				
天候（当日）	2.2-5)	天候（前日）	2.2-5)	気候	2.2-6)						
地表の形態	図 2-3	斜面の走向（クリノメーター）	図 2-4	斜面方位（クリノメーター）	図 2-4	傾斜角と斜面区分（クリノメーター）	図 2-4	地形断面傾斜角（地形断面の計測）	図 2-5	土壌断面の走向（クリノメーター）	図 2-4
傾斜角度と斜面区分	表 2-1	斜面型	図 2-6	斜面型上の相対位置	図 2-6	その他の地表の形態・起伏の特徴	2.3-5)				
地形の認定（中地形）	図 2-7 & 表 2-2	地形の認定（小地形）	表 2-2	地形の形成時代	2.4-2) & 付・4						
基盤地質	表 2-3	地形構成物質	表 2-2	地形被覆物質	表 2-4						
土壌物質の侵食・再堆積現象の有無	2.6-1)	土壌物質の侵食・再堆積現象をもたらす作用の種類と規模	表 2-5								
植生	2.7.2	泥炭構成植物	2.7.2&付・6	排水状況	表 2-8 & 表 2-9	地表の露岩の被覆割合	表 2-10				
土地利用・植生および土地利用の見取り図	2.7 & 2-10										

断面スケッチ	層位	深さ cm	層界・試料番号	土色 1)湿 2)乾	斑紋・結核	有機物 泥炭 黒泥	土性	礫	構造	コンシステンス 粘着性	コンシステンス 可塑性	コンシステンス ち密度	コンシステンス 乾状態	コンシステンス 湿状態	キュータン	孔隙	根・生物活動	乾湿・地下水面	反応 Fe II	反応 Mn	反応 Al	反応 pH	備考
										4.10									4.15				
	4.1	0	4.2	4.3	4.4	4.6	4.7	4.8	4.9	-1	-2	-3	-4	-4	4.11	4.12	4.13	4.14	-1	-2	-3		

その他	

図 1－1　土壌断面調査票

各項目欄に付した数字は，本書の図および章・節の番号に対応している。

食・堆積の有無とその作用の種類・規模，植生，泥炭構成植物がある場合の種類，排水状況，地表の露岩の被覆割合，土地利用・植生，付近の見取り図などを記入する欄がある。土壌断面記載では，断面スケッチ，層位，深さ，層界，土色，斑紋・結核，有機物・泥炭・黒泥，土性，礫，構造，コンシステンス，キュータン，孔隙，根・生物活動の状態，乾湿・地下水面，各種反応などの欄が用意されている。

1.4.2 土壌断面作成用機材

土壌断面（試坑）を作成するための機材を表1-2に示す。

表1-2 土壌断面作成のための機材

機　材	用　途
検土杖（ボーリングステッキ）	試坑地点の選定に用いる（図1-2）。
ハンマー	検土杖を叩いて地中に入れる。
スコップ	穴掘り．傾斜地ではクワが便利。
ナタ，カマ	林地での小枝，ササ，雑草刈り。
ノコギリ，剪定バサミ	木の根の切断（林地など）。
ツルハシ，カナテコ	石礫の多い地点を掘る。
バケツ	低湿地で湧水を汲み上げる。

1.4.3 土壌断面調査用具

試坑を掘り終えて，土壌断面を整形し，調査に移る。この段階で土壌断面や景観の写真も撮る。ここで必要な用具を表1-3に示す。

1.4.4 調査用試薬類

調査時に携行する試薬として，表1-4に示すものを用意する。

図1-2　検土杖

図1-3　調査用コテ

図1-4　土壌硬度計（上）と貫入式土壌硬度計（下）

表1－3　土壌断面調査のための用具

用　具	用　途
スケール	折れ尺が便利。層位の深さなどを測るものと断面撮影用のものが必要。断面撮影用は10 cm おきに色を塗り分けておくと良い。
調査用コテ	先端が平らなものが作業しやすい。土壌断面を整形する（図1－3）。
ねじり鎌	土壌断面整形時に便利。
カメラ	土壌断面や周囲の景観を撮影する。
ラベル，ラベル立て	地名，断面番号，日付けなどを記入。
半透明ビニールシーツ	林内など断面に影ができる時に使う。
折りたたみ傘	土壌断面に直射日光が当たる場合や，影ができてしまう場合に，日よけとして利用する。
土色帖	土色を判定する。
土壌硬度計	ち密度を測定する。貫入式土壌硬度計も便利である（図1－4）。
高度計	山地，丘陵地での標高を測定する。
クリノメーター	傾斜とその方向を測定する。
GPS 計測器	緯度・経度を測定する。
水の入ったボトル	土性や粘着性の観察においては，適度に土を湿らせた方が良いことから，水を携行する。

1.4.5　試料採取用具

調査が終わったら，土壌物理性や化学性測定のための試料を採取する。それには表1－5に示す用具が必要である。

1.4.6　文具類

調査に必要な文具類は表1－6のとおりである。

表1－4　調査用試薬類

試　薬	用　途
α－α'ジピリジル試薬*1	二価鉄の検出に用いる。
TDDM 試薬(テトラベース)*2	マンガン酸化物の検出に用いる。
NaF 試薬*3および フェノールフタレイン紙*4	活性アルミニウムの検出に用いる。
10％塩酸溶液	炭酸カルシウム，炭酸第一鉄など炭酸塩の検出に用いる。

*1 α－α'ジピリジル試薬（CAS 番号 366-18-7）1 g を 10％（V/V）酢酸溶液 500 mL に溶かす。
*2 テトラメチルジアミノジフェニルメタン試薬（CAS 番号 101-61-1）5 g を 10％（V/V）酢酸溶液 1 L に溶かし，不溶物をろ過する。
*3 NaF の 1 M 溶液
*4 フェノールフタレイン（1 g を 90％（V/V）エタノール 100 mL に溶かしたもの）をしみ込ませ乾燥させたろ紙。

表1－5　試料採取用具

用　具	用　途
100 mL 容試料円筒	物理性測定あるいは微細形態観察のための非破壊試料の採取。林地調査では 400 mL 容のものが使われる（図1－5）。
採土器・採土補助器	円筒を土壌に差し込むための用具(図1－5)。
果物用ナイフ	円筒からはみ出している土壌を削る。
剪定バサミ	円筒からはみ出している根を切る。
ビニールテープ	円筒を密封する。
ポリエチレン袋	通常，230×360 mm，厚さ 0.04 mm のもの。
輪ゴム，ひも	ポリエチレン袋を縛る。
タオル（雑巾）	調査用具や採取器具に付いた泥をふく。

1.4.7　衣類および身廻り品

土壌調査は野外作業なので，表1－7に示すものを用意する。

表1-6　文具類

用　具	用　途
調査野帳	調査に関する様々な情報を記入する。
筆記用具	土壌断面調査票への記入など。
マジックインキ	ポリエチレン袋に試料名などを記入。
調査用画板	土壌断面調査票記入の際の下敷き。

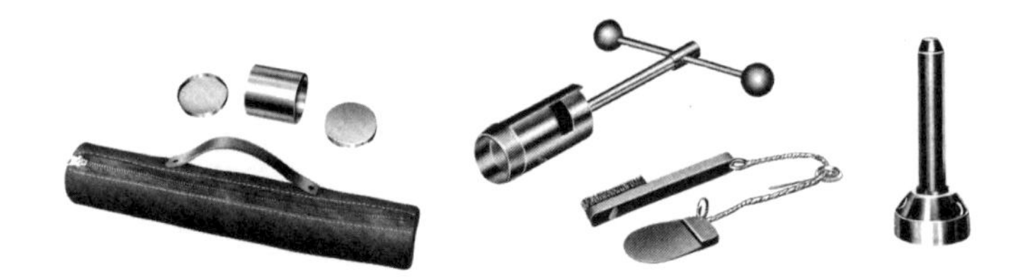

図1-5　試料用円筒，採土器および採土補助器

表1-7　衣類および身廻り品

用　具	用　途
作業衣上下	夏はムレず，冬は防寒できるもの。
手袋	軍手でよい。
タオル	汗，手ふき用。
帽子，ヘルメット	国有林ではヘルメットが必携である。
トレッキングシューズ	林地では足を保護できる靴をはく。
長靴	湿地や水田の調査では必要。
雨具上下	雨天時に使用，通気性の良いもの。
防虫剤	草地，林地の調査では必携。
救急薬	虫さされ薬，キズ薬，痛み止め，ばんそうこう，包帯など。

なお，熱帯，亜熱帯地域の土壌調査では，毒ヘビ，風土病などへの対策（予防注射，血清）も考慮しておく必要がある。

2.　調査地点の選定と記録

さて，いよいよ野外にでかけて実際に土壌を調べるわけであるが，それには，それぞれの土壌調査の目的に合致するような調査地点を選定しなければならない。また，選定した調査地点が持つ地形・地質，地表の形態，土壌侵食，土地利用，植生などの情報の調査・収集と記録は，土壌断面の記載や土壌サンプルの採取計画，分析データの解釈を行ううえで必要不可欠なものである。

2.1　調査地点の選定

調査地点を選定する方法は，土壌調査の目的に応じて調査者が検討しなければならないが，どのような目的であっても，調査地域全体を広く見渡したうえで，調査地点の位置を考えておくことは重要である。調査地点の選定方法には，一般的には，大きく分けて次の２通りの方法がある。

一つめの方法は，あらかじめ土壌環境データ資料などに基づいて，土壌の生成やその分布と関係の深い調査地の地形・地質および植生などを地形図や空中写真上で区分したうえで，現地において調査地点を決定する方法である。これは，地形・地質ならびに植生などが似た場所では，同じような種類の土壌が分布することを利用するものである。したがって，地形・地質ならびに植生が同様の場所では，盛土などによって土層が乱されていなければ，その場所を代表する土壌が得られる。また，地形・地質や植生が変化すると，土壌の種類も変化する場合が多

い。同じ地形・地質であることを判断する資料の例として，関東平野·武蔵野台地の地形分類図ならびに地形·地質断面図を，図2－1および図2－2に示す。

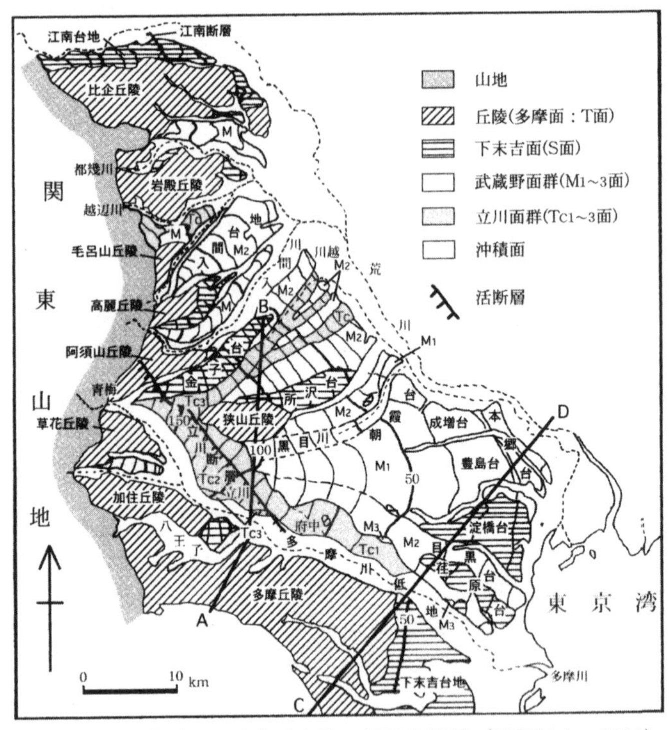

図2－1　関東平野・武蔵野台地の地形分類図（貝塚ほか，2000）

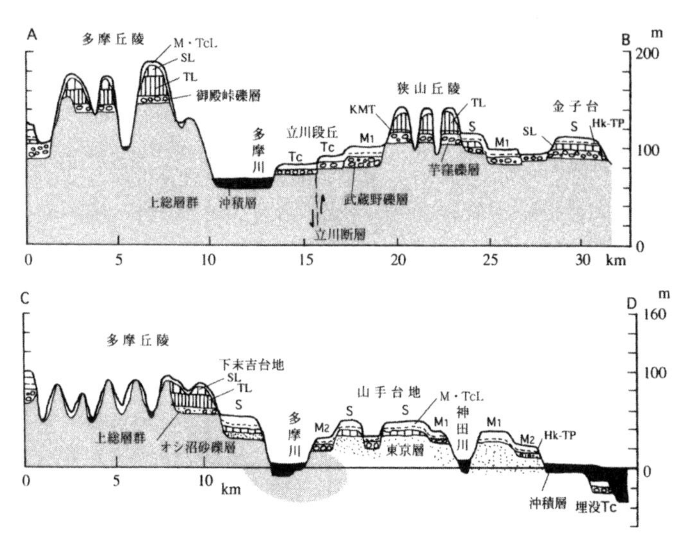

図2-2　関東平野・武蔵野台地の地形・地質断面図（貝塚ほか, 2000)[注4)]

もう一つの方法は，地形図や空中写真（大縮尺のもの）を利用し，調査区域内にメッシュをかぶせるなどして，室内作業で調査地点を機械的に決定する方法である。メッシュのサイズは調査の目的によって変化する。メッシュの間隔を広くすると得られる面的な細かな土壌情報は少なくなる。一方，間隔を細かくすると得られる情報は増えるが調査の労力が大きくなる。また，山地などでは機械的に決めた点に到達するのが困難になることもある。

どちらの方法によるかは，調査の目的や対象地区の土地利用状況，土壌の性質などによって異なるが，自然状態の土壌を調

注4）　図中Ａ～Ｄは図2-1のＡ～Ｄに対応する

査する場合には前者の方を用い，畑地や水田などの人為の加わった農耕地の土壌を調査する場合には後者の方法を用いることが多い。

また，近くに切り通しや工事現場などのカッティングや崖などの露頭がある場合には，それらを綿密に観察しておくと，調査地域における地形・地質の成因と土壌母材との関係の概要をつかむうえで役に立つ。

さらに試坑を掘る前に，土壌断面のあらましを知りたいときや，土壌の広がりを把握し境界を決める際には，検土杖（図1－2）が有効である。検土杖は細長い金属の先端部に溝があり，先端部を土壌に挿入して引き上げることで溝に残った土壌より土壌の状態を調べる道具である。検土杖を用いることで深部の土壌の概略を知ることができるが，礫が多い場所での使用には適さない。

調査地点の選定は，土壌調査を開始する際の最も重要な作業である。一般に，土壌調査の目的は，一定区域内の土壌の分布状況を調べることである。調査の精度をあげ，しかも調査を効率的に進めるために，調査地点の選定には十分な吟味が必要である。

2.2 調査地点の記入項目および方法

1） 調査地点の**地点番号**（profile number）（例：HYKA-0039），（あれば）**土壌の地域呼称・俗称**（local soil name）（例：トラ斑土壌）および**調査地点**（location）の所在地名・事業区・林班名・地番（例：兵庫県加西市青野ヶ原），**標高**（elevation），**緯度・経度**（latitude・longitude），また，可能なかぎり**所有者・耕作者**（owner・cultivator）を記入する。

2）　土壌断面記載が終了したら，野外で判定された**土壌分類名**（soil classification name）を最後に記入する。

3）　**調査日**（date of description）には，年月日（曜日）時分（調査開始時）を記入する（例：2018 年 11 月 17 日（土）10 時 00 分～）。

4）　**調査者**（investigator）は，断面調査者，記録者，現地案内者および協力者の順に記入する。

5）　**天候**（weather）は，当日および前日のものを記入する。

6）　調査地域の**気候**（climate）（局所的気候の特徴）についても記録しておく（たとえば年平均気温，月別平均気温，年降水量，月別降水量，季節風，濃霧の発生，冷・霜害の発生等）。

2.3　地表の形態

地表の形態（geomorphic surface type）は，土壌の生成に大きく関係している。斜面の傾斜の緩急や，隣接する斜面との相対的緩急の関係および傾斜変化の傾向（漸移的か不連続に急変するか）は，土壌物質の侵食と堆積に大きな影響を及ぼす。火山灰も平坦面では厚く堆積し，斜面では移動しやすいために薄くなる。微地形と呼ばれる小さな起伏であっても土壌の乾湿やそれにともなう植物の種類や有機物の分解程度に違いをもたらし，土壌の性質に影響を与える。このように地表の形態と土壌には深い関係がある。また，斜面が向いている方位の違いは，日射量や卓越風向と深く関係するため，斜面上の植生や積雪・消雪の違いをもたらし，土壌に大きな影響を与える。

1）　**地表の形態**は，中縮尺（1/1 万～ 1/5 万）程度の地形図・空中写真においては，図 2－3 に示すように，①地形点（凸点（山

頂点），凹点，鞍部，山脚），②地形線（尾根線，谷線，遷急線，遷緩線），あるいは地形線によって囲まれた③地形面（平面や曲面）の3種類を区分・認定できるので，このいずれかを記入する。調査地点が，上記の③地形面上にある場合は，地形面と記入するとともに，次項の傾斜角によって平坦面か斜面のいずれかも合わせて記入する。斜面の場合は，さらに次項の地表面の**斜面の走向**（strike of slope）・**斜面方位**（slope aspect）・**傾斜角**（slope gradient），**斜面型**（slope type），**斜面型上の相対位置**（relative location on the slope）も記入する。調査地点が，上記の①地形点上（凸点（山頂点），凹点，鞍部，山脚）や②地形線上（尾根線，谷線，遷急線，遷緩線）やその付近にあたる場合は，そのいずれであるか（わかる範囲で調査地点付近の地表の形態を示す情報）を記入する。調査地点に傾斜がある場合は，次項の斜面の走向・斜面方位・傾斜角を記入する。

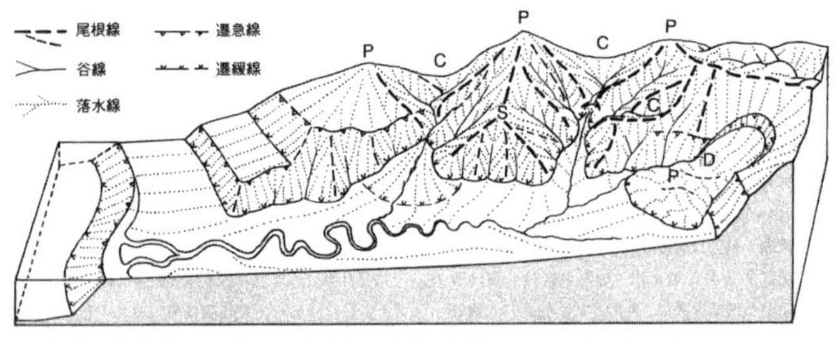

細点線：落水線，破線：尾根線，実線：谷線，P：凸点（山頂），D：凹点，C：鞍部，S：山脚

図2－3　地形点・地形線・地形面による地表の形態区分（鈴木，1997）

2）　地表に傾斜がある場合，地表面の**斜面の走向**と**斜面方位**と**傾斜角**を記載する。図2－4（A）に示すように，斜面の走向とは，斜面と水平面との交線の方向であり，斜面方位は，斜

面の走向に対して直交する傾斜の最大傾斜方向の方位を意味する。傾斜角は，調査地点において地表面の傾斜が最大になる最大傾斜角を測定する（すなわち，斜面の走向に対して直交する斜面方位の傾斜角となる）。

傾斜角の測定方法は斜面の広がりをどう捉えるかによって異なる。ここでは，①調査地点である土壌断面の傾斜角を対象とする場合と，②調査地点を含む，ある程度の広がりをもった地形断面の傾斜角を対象とする場合の測定方法を説明する。いずれの方法でも，傾斜を測定する器材の原理や構造を理解して正しく操作しないと真の傾斜角を得ることはできないので，使用する器材の操作方法に精通しておくことが重要である。

①**調査地点の土壌断面の傾斜角**をクリノメーターで測定する方法

斜面の傾斜角を計測するためには，まず斜面の走向を計測しなければならない。

斜面の走向は，調査地点の試坑において観察する土壌断面の背後の地表面上に補助板（フィールドノートや画板を利用して良い）を地表面に置き，図 2－4（A）に示すように，クリノメーターの長軸を補助板の上に水平になるように置いて計測する。

クリノメーターは普通のコンパスと違い，方位の目盛の E と W が逆になっている。これはクリノメーターの長辺を目的の方向に向けた際に，磁針がその方向の方位を示すように工夫されているためである。地表面の斜面の走向の記載（次項の土壌断面の走向も同様）は，図 2－4 ①に示すように，北または南を基準にして，西または東に何度寄っているかを記入する（例：北から 60° 西に偏っている場合は，N60° W，南から 60° 東に偏っている場合は，S60° E となるが両者は同じ意味である）。

斜面方位は，図2-4(A)に示すように，斜面の走向に直交する，斜面の最大傾斜方向の方位を，クリノメーターの方位磁石を用いて，北を基準として時計回りの360°方位（図2-4②）で記入する。このとき数値だけでなく，東西南北を用いた方位（例：70°東北東（磁北））も一緒に記入する。

なお，方位磁石が示す北（磁北）は地図の北からずれている（偏角という）ので，記載した数値が磁北で測定したものであるのか，偏角を補正した真北に換算したものであるのかも忘れず記録しておく必要がある（計測した走向や斜面方位の数値の後に「磁北」または「真北」と記入しておく）。日本国内の偏角のデータは，国土地理院が公開しているウェブサイト（https://www.gsi.go.jp）の中の「磁気図」のサイトから確認することができる。

傾斜角も，観察する土壌断面の背後の地表面上に補助板を置き，図2-4(C)に示すように，計測した斜面の走向と直交する向きにクリノメーターを斜面に立てて，その傾斜角をクリノメーターの内側の目盛の振り子の示す角度（0°～90°の範囲）を用いて度数表で測定する（図2-4③)。斜面の呼称は傾斜角によって，表2-1のように区分する。傾斜角が1°未満の場所を平坦面，傾斜角が1°以上の場所を斜面と定義する。傾斜角の数値とともに，斜面区分の呼称も記入する。

表2－1　傾斜角と斜面区分の対応関係

傾斜角（°）	区分	
0 ～ 1	平坦面 Flat	
1 ～ 3	極緩傾斜面 Very gently sloping	斜面 Slope
3 ～ 8	緩傾斜面 Gently sloping	
8 ～ 15	傾斜面 Sloping	
15 ～ 25	急傾斜面 Strongly sloping	
25 ～ 40	極急傾斜面 Steep	
≧ 40	急峻面 Very steep	

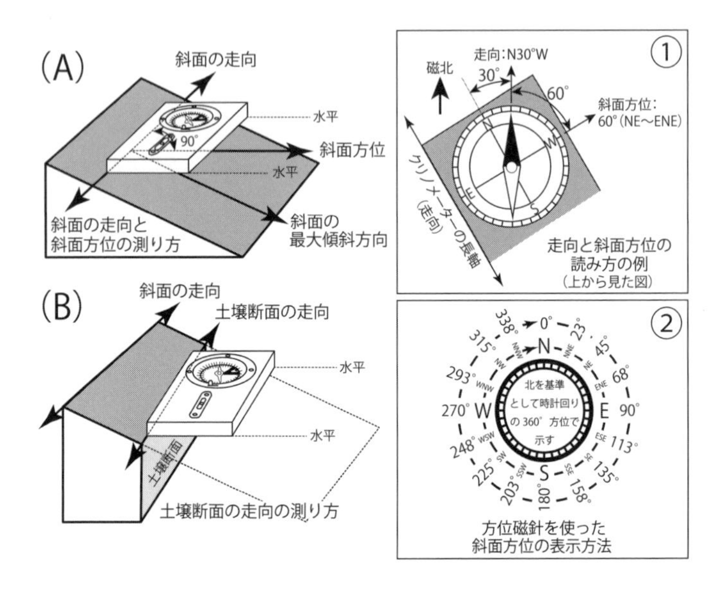

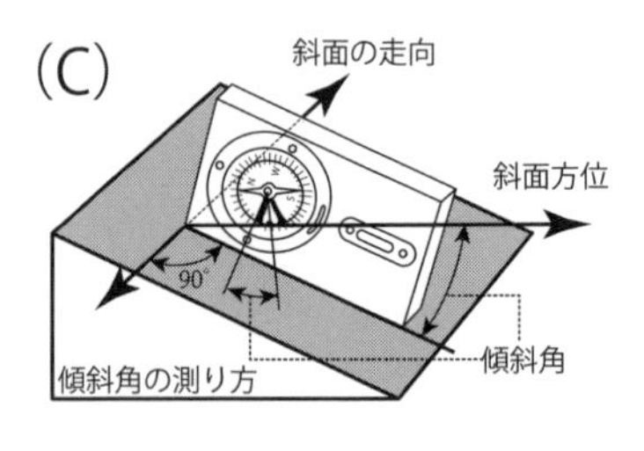

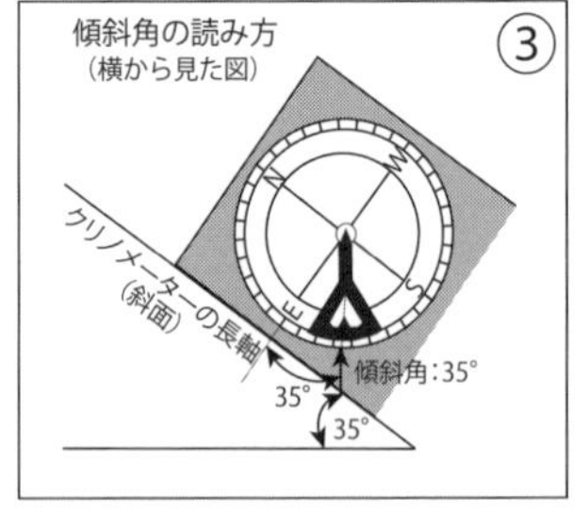

図2-4　クリノメーターを用いた地表面の斜面の走向，斜面方位，傾斜角，土壌断面の走向の計測方法

②調査地点を含む**広がりをもった地形断面の傾斜角**を簡易測量で測定する方法

調査がスギ植栽地のような，ある程度の広がりをもった範囲

の地表面を対象とする場合には，その範囲の傾斜を**地形断面の傾斜角**として把握・計測する必要がある。その場合は，図2－4②のクリノメーターを用いた調査地点の土壌断面の斜面方位を参考にして，図2－5(A) に示すように，最大傾斜角方向にある同じ高さの目標にねらいを定めてハンド・レベル（またはブラントンコンパス)やクリノメーターで傾斜を測定する。目標までの距離は可能なら10 m以上とする。目標までの間に傾斜角が途中で大きく変わる場合（図2－5(A) で示した凸型斜面や凹形斜面において実際の傾斜角と求める傾斜角に大きな違いが生じる場合）や階段状の地形などでは，水準測量を行うことや，図2－5(B) に示すように，斜面を傾斜変換線で区切って斜面長（直線距離）と傾斜角を記録しておくことで，実際に近い傾斜角を得ることができ，簡易地形断面図を描くこともできる。

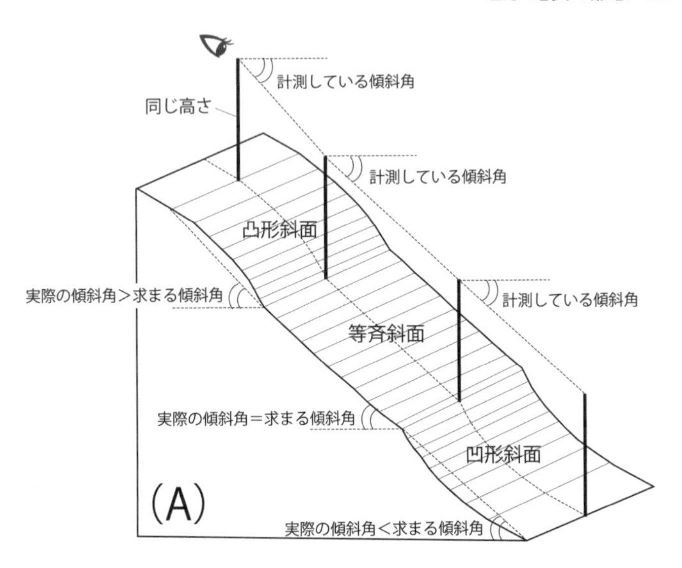

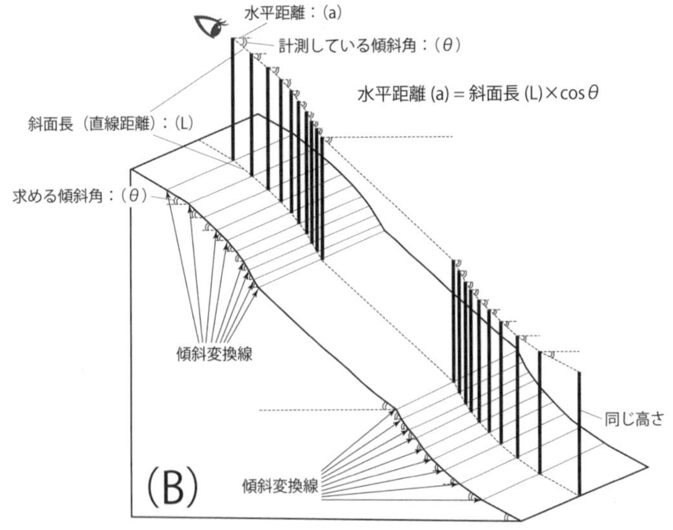

図2-5　広がりをもった斜面の傾斜角を地形断面として計測する方法

3）　土壌断面の作成後は，図2－4(B) に示すように，観察する土壌断面に対して水平になるようにクリノメーターの長軸をあてて，**土壌断面の走向**（strike of soil profile）を測定する（斜面の走向の計測と同様に図2－4①のように読み取る)。土壌断面の走向を測定する目的は，観察する土壌断面が斜面方位に対して，どのような位置関係にあるのかを記録するためである。斜面の走向に平行に土壌断面を作成した場合は，斜面の走向と土壌断面の走向は一致する。

4）　大～中縮尺（1/500 ～ 1/25,000 程度）の地形図で認識できる斜面の形態変化は，最大傾斜方向に沿った地表面の傾斜角と傾斜方向の変化状態の組み合わせによって三次元的に9種に分類される場合が多い。これを斜面型 (slope type) と呼ぶ。調査地点が斜面の場合，該当する調査地点の斜面型を図2－6にもとづいて認定できる場合はその名称を記入する。また，斜面型を認定した場合，対象としている斜面型の空間規模がわかるように，地形図上に範囲を図示したり，認定した斜面型の斜面幅や斜面長のおよその長さを，土壌断面記載票の「その他」の欄やフィールドノート等に記入する。

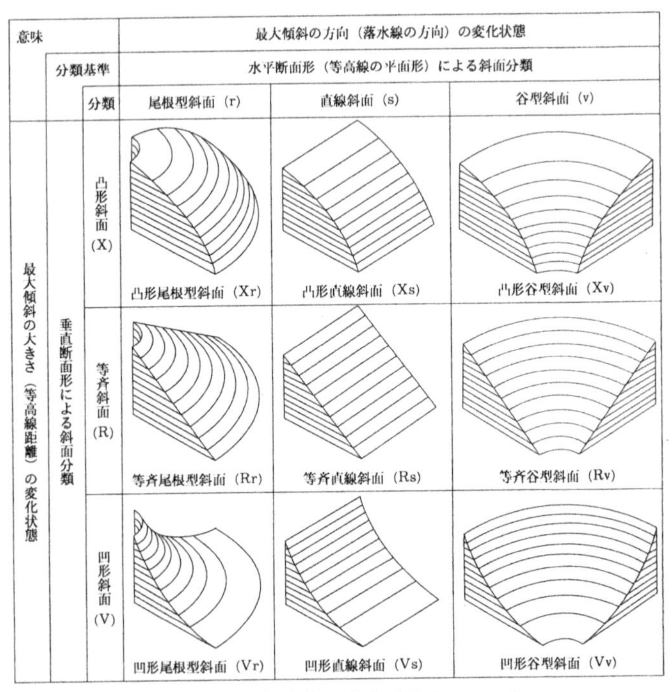

意味
最大傾斜の方向（落水線の方向）の変化状態
分類基準
水平断面形（等高線の平面形）による斜面分類
分類
尾根型斜面（r）
直線斜面（s）
谷型斜面（v）
最大傾斜の大きさ（等高線距離）の変化状態
垂直断面形による斜面分類
凸形斜面（X）
凸形尾根型斜面（Xr）
凸形直線斜面（Xs）
凸形谷型斜面（Xv）
等斉斜面（R）
等斉尾根型斜面（Rr）
等斉直線斜面（Rs）
等斉谷型斜面（Rv）
凹形斜面（V）
凹形尾根型斜面（Vr）
凹形直線斜面（Vs）
凹形谷型斜面（Vv）

図2-6　斜面型の区分（鈴木，1997）

5） **斜面型上の相対位置**とは，図2-6の中から該当すると判断した斜面型において，土壌調査地点が相対的にどの場所に位置するのかを「頂部，上部，中部，下部，底部」の中から選択して記入する。

斜面型をより正確に測定・把握したい場合は，土壌断面を含む形で測定したい地形断面測線を設定し，図2-5（B）に示したように，途中の顕著な傾斜変換線を含むように，ハンド・レベル（またはブラントンコンパス）を用いて簡易地形断面図を描く。

6）　その他，地表の形態・起伏を記録する際には，上記の内容にとどまらず，微高地，微低地，階段状，台地上の浅い凹地，ハンモック状，ギルガイ（小丘状微起伏，ヴァーティソル地帯にみられる），人為改変，湿地などの微地形についても記載，スケッチしておくとよい。また，泥炭地の場合は，高位泥炭地，中間泥炭地，低位泥炭地などの区分の他に，高位泥炭地にみられるブルテ（湿地丘，小隆地，小凸地），ケルミ（ブルテよりも連続性のある帯状の高まり），シュレンケ（ブルテあるいはケルミの間の凹地），谷地眼（やちまなこ：低位泥炭地）などの泥炭地特有の微地形や景観の特徴なども，その他の欄などに記載しておく。

2.4　地形の認定と形成時代

地形は地表にはたらく地球内部や地球表層の様々な作用による歴史的な産物として形成される。一般に類似した地形は共通の成因があり，それを構成する材料（地質・堆積物）も概ね同じ場合が多い。土壌調査を行う地点は，特定の成因によって形成された特定の形態的特徴を持つ地形の表面にある。文献や野外観察から調査地点の地形の成因を認定して，その形成時代を知ることで，土壌の母岩・母材となる地質・堆積物の成因や土壌生成作用を受けた時間および土壌が経験してきた環境変化などの様々な情報を得ることができる。

1）　日本の国土を構成する中地形（10 ～ 100 km 程度の規模の広がりを持つ地形）は，火山，山地，丘陵，段丘，低地の5種に大別される（表2-2）ので，日本における任意地点の地形は，これら5種のうちのどれかひとつに必ず同定される。土壌調査を行う地点を，5種の中地形の中から**地形の認定**

(identification of landform) を行って記入する（図2-7で示した山地，丘陵，段丘，低地，および火山)。さらに，出版・報告されている地形図や地質図，地形分類図などを参照して，中地形より階層的に下位の小地形を認定できる場合は，表2-2の中に示した主要な小地形を参照して記入する。

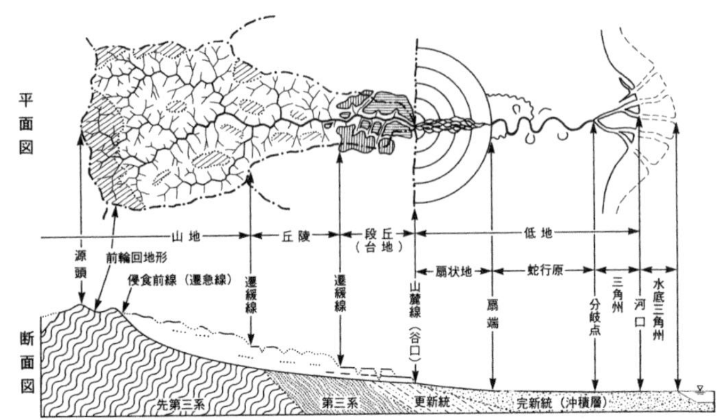

図2-7　日本における流域を構成する地形の一般的配置（火山を除く）（鈴木，1997）

表2-2　地形区分と地形構成物質

中地形	形態的特徴	土壌断面調査が行われる地点の主要な小地形		
火山 Volcano	マグマの地表への噴出口である火口の周囲に火山噴出物が積み重なって生じた高まり，または円形の凹地。火山の構成物質が二次的に移動して生じた堆積地形。	ベースサージ地形	マール	
		火山砕屑丘	スコリア丘	
			軽石丘	
		火砕流地形	軽石流原	
		溶岩地形	溶岩流原	
		火山岩屑流地形		
		成層火山		
		カルデラ（カルデラ床と外輪山）		
		火山麓扇状地		
山地 Mountain	主要な尾根の高度が約 500 m 以上で，主要な尾根と谷底の比高が 300 m 以上の大起伏地であり，30 度以上の急傾斜地が多く，平坦地はほとんどない。	尾根		
		谷		
		小起伏面		
		氷河地形		
		河成段丘面		
		谷底堆積低地		
		谷底侵食低地		
		重力による移動地形	麓屑面	
			崖錐	
			崩落堆	
			地すべり堆	
			沖積錐	
丘陵 Hills	付近の山地より低く，主要な尾根の高度が約 500 m 以下で，ほぼ揃っており，主要な尾根と谷底の比高が 300 m 以下で，20 度以下の緩傾斜地が多い。	尾根		
		谷		
		小起伏面		
		河成段丘面		
		海成段丘面		
		谷底堆積低地		
		谷底侵食低地		
		重力による移動地形	麓屑面	
			崖錐	
			崩落堆	
			地すべり堆	
			沖積錐	
段丘 Terrace	低地が離水し，河川侵食または海岸侵食によって開析されたために一方ないし四方を崖または急斜面で縁取られ，周囲より不連続的に高い平坦地をもつ階段状ないし卓状になった高台。その平坦地は，百年に1回程度の頻度で起こる出水や高潮のときでも冠水しない。	河成段丘面	河成堆積段丘	
			河成侵食段丘	
		海成段丘面	海成堆積段丘	
			海成侵食段丘	
		サンゴ礁段丘面		
低地 Lowland	人工堤防などで保護されていない自然状態のままならば，百年に1回程度の頻度で起こる大出水や暴浪のときに冠水するような相対的に低くて，平坦な土地。	河成堆積低地	扇状地	
			蛇行原	自然堤防
				後背湿地
				流路跡地
			三角州	
		海成堆積低地	海浜	礫浜
				砂浜
				泥浜
			堤列低地	浜堤
				堤間湿地
			砂嘴	
			潟湖跡地	
		サンゴ礁		
		砂丘		

主な地形構成物質	
成因	物質の種類・粒径の特徴
ベースサージ堆積物	火砕物で構成される多数の薄層
弾道降下スコリア堆積物	降下スコリア
降下軽石堆積物	降下軽石
軽石流堆積物	軽石流
溶岩流	溶岩
火山体の大規模崩壊	巨大岩塊を含む砕屑物
火砕物と溶岩流の噴出	溶岩・火山砕屑物
火山性の火口と陥没	軽石・軽石流堆積物
流水・土石流	火山岩質の砂礫，成層した淘汰の悪い火山岩質 亜角礫と砂層
崩落・崩壊・地すべり	岩屑，基盤岩
流水，土石流	砂礫・シルト・粘土
多様な成因	基盤岩，多様な堆積物
氷河	淘汰の悪い砂礫・シルト・粘土
流水	砂礫
流水	砂礫・シルト・粘土
流水	薄い砂礫
葡行	砂礫・シルト・粘土
落石	岩屑
崩落・崩壊	岩屑
地すべり	岩屑
土石流	淘汰の悪い砂礫・シルト・粘土
崩落・崩壊・地すべり	岩屑，基盤岩
流水，土石流	砂礫・シルト・粘土
多様な成因	基盤岩，多様な堆積物
流水	砂礫
波	砂礫
流水	砂礫・シルト・粘土
流水	薄い砂礫
葡行	砂礫・シルト・粘土
落石	岩屑
崩落・崩壊	岩屑
地すべり	岩屑
土石流	淘汰の悪い砂礫・シルト・粘土
流水	砂礫
流水	薄い砂礫
波	砂礫
波	薄い砂礫
サンゴ礁	サンゴ礁石灰岩質の礫・砂，貝殻
流水	砂礫
流水	砂礫・シルト・粘土
流水	砂・シルト・粘土
流水	砂・シルト・粘土
流水	砂・シルト・粘土
波	礫
波	砂
波	砂・シルト・粘土
波	砂礫・シルト・粘土
波	砂・シルト・粘土
海流	砂礫
波，沿岸流，サンゴ礁	砂・シルト・粘土
サンゴ礁	サンゴ礁石灰岩質の礫・砂，貝殻
風	砂・シルト

2）**地形の形成時代**（formation age/era of landform）は，現地調査や既存の文献（たとえば，参考文献に挙げた「日本の地形」シリーズや「日本の海成段丘アトラス」など）を参考に，調査地点の低地，段丘，丘陵の地形の形成時代がわかる場合は，その年代や海洋酸素同位体ステージ（MIS：Marine Isotope Stage）を記入する。

2.5　母岩・母材：基盤地質と地形構成物質と地形被覆物質

地質や堆積物は土壌の母岩や母材となる物質である。しかし，地質図に描かれる**基盤地質**（basement rock）と実際に土壌母材となる表層地質は一致しない場合が多いので注意する必要がある。母岩・母材の認定は土壌断面の記載や土壌生成を検討するうえで必要不可欠であり，土壌の諸性質にも深く関係するので，調査地点の地質や堆積物を資料や野外観察から正しく理解しておくことは非常に重要である。そのためには，調査地点において，可能な限り，基盤地質と**地形構成物質**（landform material）と**地形被覆物質**（landform covered material）を分けて記載する。

表2-3　基盤岩の区分

大区分	中区分	小区分
火成岩 Igneous rock	火山岩 Volcanic rock	流紋岩 Rhyolite デイサイト Dacite 安山岩 Andesite 玄武岩 Basalt
	深成岩 Plutonic rock	花崗岩 Granite 閃緑(せんりょく)岩 Diorite 斑糲 (はんれい) 岩 Gabbro 橄欖(かんらん)岩 Peridotite
		蛇紋岩 Serpentinite
変成岩 Metamorphic rock	広域変成岩 Regional metamorphic rock	千枚岩 Phyllite 結晶片岩 Crystalline schist 片麻岩 Gneiss 角閃岩 Amphibolite
	接触変成岩 Contact metamorphic rock	ホルンフェルス Hornfels 大理石 Marble
堆積岩 Sedimentary rock	砕屑岩 Clastic rock	礫岩 Conglomerate 砂岩 Sandstone 泥岩 Mudstone
	火山砕屑岩 Pyroclastic rock	火山角礫岩 Volcanic breccia 火山礫岩 Lapilli 凝灰角礫岩 Tuff breccia 火山礫凝灰岩 Lapilli tuff 凝灰岩 Tuff
	生物岩 Biogenic rock	石灰岩 Limestone チャート Chert

1）**基盤地質**は，地表付近まで露出して母岩となり，その場で風化変質を受けて柔らかく粗しょうな母材を提供する場合がある。現地で母材として確認できる場合は，その岩質を表2-3に基づいた岩石名のあとに（母材）と記入する。地表付近に基盤地質が露出していない場合は必ずしも記入する必要はないが，地質図などの文献情報で，下層に存在することがわかる場合は括弧付けでその旨記入する。なお，調査地点ではなくても，調査地点を含む流域の河川上流部の基盤地質は，下流の平野における堆積物の構成物を検討するうえで必要となる場合もあるので，広範囲で地質図を確認しておくことも重要である。

2）**地形構成物質**とは，認定した成因的な小地形の形態的特徴を決定づけている物質である。現地で小地形を認定できる場合は，その地形構成物質の種類（成因と物質の種類・岩石粒子の粒径を参照）を表2-2に基づいて記入する。地形構成物質が母材として確認できる場合は，物質名のあとに（母材）と記入する。地表付近に露出していない場合は必ずしも記入する必要はないが，地形図や地質図などの文献から，下層に存在することがわかる場合は括弧付けでその旨記入する。

表2-4　地形被覆物質の区分と堆積様式

堆積物の種類	粒径	堆積様式
降下火山灰 Air-fall ash 降下スコリア Air-fall scoria 降下軽石 Air-fall pumice 再堆積テフラ Tephric loess 風塵 Eolian dust 広域風成塵 Tropospheric dust 泥炭 Peat その他 Others	粘土 Clay シルト Silt 砂 Sand 礫 Gravel その他 Others	風成 Eolian 水成 Aqueous 匍行性 Creep その他 Others

3）**地形被覆物質**とは，成因的な小地形の形成後に，その地形を覆って堆積した風成層（風塵，広域風成塵，降下火山灰やその二次堆積物など），泥炭，重力による匍行性の堆積物などを指す。その堆積物の内容を表2-4に基づいて記入する（堆積物の種類，無機物の粒径，堆積様式，わかれば堆積速度に関する情報も記載する）。複数の堆積物が累重して存在する場合は，それらの堆積物の層序関係や各々の堆積物と土壌層位との関係がわかるように記述する。地形被覆物質が存在する場合，通常，それが土壌母材となっている。

2.6　現在進行中の土壌物質の侵食・再堆積現象の有無と作用の種類・規模

地表付近では，様々な地形形成作用によって，現在も土壌物質が移動・再堆積している場合がある。これらは地形の規模としては，表2-2の小地形（1～10 km程度の規模の広がりを持つ地形）やそれより下位の階層の微地形（1 km以下の規模の広がりを持つ地形）に区分される。再堆積した物質は，地形被覆物質のひとつでもあるが，**侵食・再堆積現象**が明らかに現在も進行中であることが目視で認識できる場合は，土地管理上重要であるので，とくにここで記入する。

一般に，斜面上の土壌は重力にしたがって下方に移動する。とくに植生が乏しい急な斜面では豪雨時に土壌の移動が発生しやすい。雨水とともに移動した土壌は斜面の傾斜が緩くなると堆積する。この現象は，土壌侵食（soil erosion）・再堆積（redeposition）と呼ばれる。傾斜地では長い年月においては，土壌の侵食と堆積は大なり小なり起きていることから，森林土壌などの土壌断面の生成を解釈するうえで過去の土壌の侵食と再堆積の影響を考えることは重要である。土壌侵食には，地形，

表2-5 土壌物質の侵食・再堆積をもたらす作用の種類と内容

地表の形態	作用の種類	
斜面 Slope	水の作用 Rain wash	雨滴による侵食・再堆積 Rain erosion and redeposition
		布状侵食と再堆積 Sheet erosion and redeposition
		リル侵食と再堆積 Rill erosion and redeposition
		ガリー侵食と再堆積 Gully erosion and redeposition
	重力の作用 Mass movement	匍行一般 Creep
		凍結融解作用による匍行 Creep by freeze-thaw action
平坦面および斜面 Flat and slope	風の作用 Wind agent	風食と再堆積 Wind erosion and redeposition

作用の内容	発生しやすい場所
雨滴の落下（終速度は7～9m/秒に達する）によって，土壌粒子（直径1cm程度まで）が動かされる現象。	裸地斜面で顕著に生じる。植生に被覆された斜面でも高木の葉先から大粒の水滴が落下（雨だれ）することでも侵食を生じる。
地表に降った雨水のうち，地表を流れても集中流にはならずに，厚さ数mm～約2cmの薄板状に地表を流れる布状洪水によって生じる侵食。流水で運搬された再堆積物質は，斜面の傾斜角が緩やかな場所で再堆積する場合がある。	集中流とならないような，地表面が滑らかな斜面で植生の乏しい斜面で顕著に生じる。
布状洪水の発生する斜面上に散在する砂礫粒子の作るわずかな凹凸によって集中流が発生する。その集中流の部分だけ顕著に侵食が進んで形成される細くて浅い溝（雨溝，細溝）による侵食をリルと呼ぶ。リルは一般に幅数十cm以下，深さ数cm以下で，滑らかな横断形を持つ。流水で運搬された再堆積物質は，斜面の傾斜角が緩やかな場所で再堆積する場合がある。	植生の乏しい斜面で顕著に生じる。
リルが降雨ごとに成長したり，リルが合流すると，掃流力が急増するので，急速にリルでの下刻が進む。明瞭な掘れ溝（雨裂）による侵食をガリーと呼ぶ。ガリーは深さ数cm～約10mで，側壁は数十度ないし垂直に近い急崖となり，その底は幅数cm～数mで，平水時の地下水面より高いので，降雨時以外には流水はない。流水で運搬された再堆積物質は，斜面の傾斜角が緩やかな場所で再堆積する場合がある。	植生の乏しい斜面で顕著に発生するが，植生に被覆された斜面でも発生する。
斜面表層部を構成している物質が重力に従って集団として，斜面下方に緩慢に（地表面に近いほど速い速度で）移動する現象。ほとんど重力だけで媒質（水や風や氷）を用いない未固結物質物質の移動によって生じる。移動した細粒物質が再堆積して生じた緩傾斜面を麓屑面と呼ぶ。	植生の乏しい斜面で顕著に発生するが，植生に被覆された斜面でも発生する。
① 地表付近の凍土の形成に伴う凍上と融解時の低下によって，地表付近の土壌粒子が上昇と低下を繰り返しながら次第に斜面下方に移動する現象（フロストクリープ）。② 凍土の融解によって土壌が過剰水分で飽和され粘性体となった状態で斜面表層物質が重力に従って斜面下方に緩慢に流動する現象（ジェリフラクション）。	寒冷地の火山灰や風塵のような細粒物質で構成される斜面で発生しやすい。
風によって，地表面を構成する未固結堆積物が吹き飛ばされる現象（デフレーション）。風で運搬された物質の堆積物を風成堆積物と総称する。乾燥したシルトや粘土の粒子や火山放出物は，風下の広範囲に拡散して明瞭な地形を形成しない。一方，乾燥しやすく，風で運搬されやすい粒径で，風速が小さくなるとすぐに運ばれなくなる粒径の砂（特に，細粒砂～粗粒砂：0.1～1.0mm）は砂丘を形成する。	季節風の卓越する地域，局地風が見られる地域，植生の貧弱な場所，砂サイズ以下の粒径の細かい物質が表層に存在する場所に発生しやすい。

土壌の性質，気象条件，植生の状態，人為（森林の伐採，火入れ，過放牧，人工造成など）が関係する。侵食の程度が大きくなると土壌やその母材が剥脱・流亡または飛散し，土地の荒廃をもたらし，農耕地をはじめ植生や人畜などに被害を与えて土地利用に大きな影響を与える。

1） **土壌物質の侵食・再堆積現象の有無**（soil erosion and redeposition）は，土壌調査地点において，「現在，土壌物質の侵食または再堆積が認められるか否か」を観察して，現象が「有」か「無」のどちらかを記入する。また，調査地点が「再堆積の場であるか侵食の場であるか」や調査地点だけでなく，その周辺の状況についても気づくことがあれば，その他の欄に記載しておく。

2） **土壌物質の侵食・再堆積をもたらす作用の種類と規模**（agent type and scale of soil erosion and redeposition）については，侵食・再堆積現象が認められる場合に，表2-5を参照して，推定される作用の種類とその規模を記入する。規模については，侵食によって生じた谷の幅や深さや形態・分布，再堆積した物質の堆積形態・堆積範囲の広さや層厚をその他の欄やフィールドノートに記録する。

2.7 土地利用および植生

2.7.1 土地利用

調査地点および周辺の**土地利用**（land use）の状況について記載する。土地利用の区分と付記事項を次に示す。

表2-6 土地利用の区分

区 分	付 記 事 項
水 田 Paddy field	湿・乾田の別，開田年次およびその後の人為的改変の種類および経過年数，休耕，放棄の状況など。
畑 地 Upland field	作物の種類，開畑年次およびその後の人為的改変の種類および経過年数，休耕，放棄の状況など。
樹園地 Orchard	果樹の種類，茶園，桑園の別，開園年次およびその後の人為的改変の種類および経過年数など。
林 地 Forest	天然林および人工林の別，樹種，林齢，林冠のうっ閉度など。
草 地 Grassland	野草地，牧草地，主な優占種など，周辺の植生の景観など。
市街地 Urban land	住宅地，工業用地，商業用地，公園などの別。

報告書などには，「**放棄後10年目の休耕乾田**」や「**林齢50年のスギ人工林**」などと記載する。

2.7.2 植 生

植生（Vegetation）は有機物の主な供給源であるとともに，養分循環や水循環に果たす役割が大きいことから土壌生成の主要因子である。自然や半自然の植生を記述する世界的に統一した方法は存在していない。世界的にみた場合には，樹木密度が高く林冠に隙間のない閉鎖林（closed forest），樹木密度が低く林冠に隙間がある非閉鎖林（woodland），灌木林（shrub），

矮性灌木林（dwarf shrub），草地（herbaceous），泥炭（rainwater-fed moor peat，groundwater-fed bog peat）のように区分するのが一般的である。わが国は湿潤であるが水が停滞しにくい傾斜地が多いので一般に閉鎖林が分布する。閉鎖林は**常緑広葉樹林**（evergreen broad-leaved forest），**常緑針葉樹林**（evergreen coniferous forest），**落葉広葉樹林**（deciduous broad-leaved forest），**落葉針葉樹林**（deciduous coniferous forest）等に区分する。

日本の植生は，自然植生の構成種の名をとって，高山帯域(高山草原とハイマツ帯)，コケモモ－トウヒクラス域（亜高山針葉樹林域)，ブナクラス域（落葉広葉樹林域)，ヤブツバキクラス域（常緑広葉樹林域）の各クラス域に大別されている。

現存植生の多くは，本来その土地に生育していた自然植生（原生林など）が人間活動の影響によって置き換えられた代償植生（二次林など）であり，現存植生図の作成にあたっては，植生区分はこれらクラス域の植生について自然植生と代償植生とに区分されている。表2－7は，環境省1/2.5万植生図の統一凡例における植生区分を示している。植生区分の下に大区分があり，その下に中区分，さらに細区分がある。細区分が植生図の図示単位となっている。なお，わが国では自然植生，代償植生とも，その多くは森林である。これらの森林は天然林と呼ばれ，人工的に植栽された人工林と区別される。人工林は植生図では植栽地と記載されているので注意する必要がある。わが国の人工林の多くは針葉樹林であり，2017年時点でスギ，ヒノキ，カラマツが人工林のそれぞれ44％，25％，10％を占めている。

わが国で自然植生下の土壌を調査する場合，多くは森林であ

る。森林の場合，人工林であるか天然林であるかをまず区分し，天然林であれば原生林であるか二次林であるかを区分する。人工林，天然林とも優占する樹種を記載する。人里近くではモウソウチクやマダケなどの竹林も広く分布する。ススキ草原はかつて全国に広く分布していた。現在でも野焼きなどでススキ草原が維持されている地域もある。

森林内に混在する低木や草本を下層植生と呼ぶが，森林土壌の乾湿に対応して下層植生が異なるので，下層植生についても記載すると土壌型を判定する際に役立つ。

表2-7　環境省 1/2.5 万植生図の統一凡例における植生区分[注5)]

植生区分	大区分
Ⅰ 高山帯自然植生域	01 高山低木群落
	02 高山ハイデ及び風衝草原
	03 雪田草原
Ⅱ コケモモ－トウヒクラス域自然植生	04 亜高山帯針葉樹林（北海道）
	05 亜高山帯針葉樹林
	06 亜高山帯広葉樹林
	07 高茎草原及び風衝草原
Ⅲ コケモモ－トウヒクラス域代償植生	08 亜高山帯二次林
	09 二次草原
	10 伐採跡地群落
Ⅳ ブナクラス域自然植生	11 落葉広葉樹林（日本海型）
	12 下部針広混交林
	13 落葉広葉樹林（太平洋型）
	14 冷温帯針葉樹林
	15 岩角地針葉樹林
	16 渓畔林
	17 沼沢林
	18 河辺林
	19 岩角地・風衝地低木群落
	20 なだれ地自然低木群落

注5）　それぞれの植生区分のなかに大区分があり，その下に中区分，細区分がある。

	21 自然草原
Ⅴ ブナクラス域代償植生	22 落葉広葉樹二次林
	23 常緑針葉樹二次林
	24 落葉広葉低木群落
	25 二次草原
	26 伐採跡地群落
Ⅵ ヤブツバキクラス域自然植生	27 常緑広葉樹林
	28 暖温帯針葉樹林
	29 岩角地・海岸断崖地針葉樹林
	30 落葉広葉樹林
	31 沼沢林
	32 河辺林
	33 自然低木群落
	34 海岸風衝低木群落
	35 亜熱帯常緑広葉樹林
	36 亜熱帯常緑広葉樹林(隆起角灰岩上)
	37 亜熱帯湿生林(マングローブ林)
	38 亜熱帯常緑針葉樹林
	39 亜熱帯低木群落
Ⅶ ヤブツバキクラス域代償植生	40 常緑広葉樹二次林
	41 落葉広葉樹二次林
	42 常緑針葉樹二次林
	43 タケ・ササ群落
	44 低木群落
	45 二次草原
	46 伐採跡地群落
Ⅷ 河辺・湿原・沼沢地・砂丘植生	47 湿原・河川・池沼植生
	48 塩沼地植生
	49 砂丘植生
	50 海岸断崖地植生
	51 岩角地・角灰岩地・蛇紋岩地植生
	52 火山荒原植生・硫気孔原植生
	53 隆起珊瑚礁植生
Ⅸ 植林地・耕作地植生	54 植林地
	55 竹林
	56 牧草地・ゴルフ場・芝地
	57 耕作地
Ⅹ 市街地等	58 市街地等

雨水や地下水が停滞する平坦な地形では湿原が形成される。その湿原は，雨水の停滞によって成立する高層湿原，地下水が停滞水の主体である低層湿原，その中間的な成因による中間湿原に区分される。湿原のタイプごとに構成植物が異なる。湿原では過湿なために有機物が分解しにくく泥炭が発達することが多い。

泥炭土壌では構成植物が母材となるため，その記載はきわめて重要である。泥炭の分類は構成植物によって低位，中間，高位泥炭に細分される。泥炭地に生育するミズバショウ，ウメバチソウ，モウセンゴケなどの遺体は分解してしまうのですべての植物が泥炭の材料となるわけではない。構成植物の種類は土壌の理化学性に影響し，土地利用，土地改良，管理の違いを表すので，その識別は非常に重要である。付・6に主要な**泥炭構成植物**を示した。

泥炭地の植生は，排水などの人為が加わることによって変わりやすい。これは低位および中間泥炭地で著しく，排水されると多くの場合ササ群落に占領される。高位泥炭地は低位泥炭地ほど急速ではないが，排水溝付近からササが侵入し，その後ヌマガヤなどの中間泥炭地植生に変わったり，客土によりヨシが生えたりする。植生にはその泥炭地の状況が敏感に反映されているので，この記載は大切である。

2.7.3 排水状況

水田以外の畑や林地の土壌では，表2-8のように**排水状況**（drainage）を区分する。水田の場合には一般に減水深（1日当りの田面水の低下する深さをmm単位で表わしたもの）が用いられる。

表2-8　排水状況による区分

区　分	基　　準
排水阻害 Impededly drained	土壌自身の透水性不良または不透水性の基岩，盤層あるいは高い地下水面の存在によって，水の垂直方向への浸透が阻害され，平坦地や凹地では水溜りを形成し，傾斜地では水の横流れが生じる。
排水きわめて不良 Very poorly drained	常時ではないが，かなりの長期間にわたって土壌は多湿であり，A層下部あるいはA層直下の層に，しばしば鉄やマンガンの斑紋がみられる。
排水不良 Poorly drained	水の移動はやや緩慢で，土壌は短期間ではあるが多湿となり，B層下部やC層に鉄やマンガンの斑紋が現われる。
排水良好 Well drained	速くはないが土壌から容易に水が移動する一方，毛管孔隙には正常な植物生育にとって十分な水が保持される。断面内の水分含量はかなり均質で，鉄やマンガンの斑紋やグライ層はほとんどまたはまったく認められず，鉄化合物は完全に酸化状態にある。
排水過良 Excessively drained	粗孔隙に富むため，土壌からの水の移動が急速で，保水性が小さく干ばつを生じやすい。断面内に斑紋はない。海岸の砂質土壌や岩石に富む土壌は排水過良になりやすい

水田土壌の排水状況の区分と減水深とのおおよその関係は表2-9のとおりである。

表2-9 水田土壌の排水状況の区分

区 分		減水深（mm/日）
湿田	Ill-drained paddy field	5 ～ 10
半湿田	Semi ill-drained paddy field	10 ～ 20
乾田	Well drained paddy field	15 ～ 30
漏水田	Over percolating paddy field	≧ 30

水稲に対して適正な減水深は 10 ～ 30 mm / 日程度である。

2.7.4 地表の露岩

地表に岩が露出していると，大型農機具の使用がかなり限定される。林地においても植栽などの林業活動に影響し，炭素蓄積量などの環境評価にも関係する。地表の露岩について，地表面の被覆割合，露岩の大きさ，かたさなどを記載する。

地表の露岩（rock outcrop）の被覆割合は，表2-10のように区分する。

表2-10 露岩の被覆割合

区 分		基 準
なし	None	0 %
非常に少ない	Very few	0 ～ 2 %
少ない	Few	2 ～ 5 %
含む	Common	5 ～ 15 %
多い	Many	15 ～ 40 %
非常に多い	Abundant	40 ～ 80 %
岩石地	Dominant	≧ 80 %

（FAO, 2006）

2.7.5　聞きとり記録

土壌調査にあわせ，地域の自然的，社会的環境や土壌管理の実態などについて，できるだけ聞きとり調査を行う。これらの調査は，土壌生成環境を考察するときや土壌の分布，あるいは化学分析結果の解析に役立つことが多い。

聞きとりは，農林業従事者，市町村役場や農協の担当職員，普及指導員，農業および林業の試験研究機関担当職員などに対して行う。地形学，地質学，考古学等の専門家の話を聞くと土壌生成環境に対する理解が深まり，調査に同行してもらえれば，教示を受けたり議論したりすることができて理想的である。

聞きとり項目は，以下のものが考えられる。

2.7.6　調査地点の位置に関する情報

地名，地番，国有林の林班名，耕作者（所有者）氏名および住所，地図上の正確な位置，調査地の面積など。

2.7.7　調査時以外の土壌の状態に関する情報

地下水の季節変動，潅漑水源（用水路名）と用水量，漏水度（減水深），降雨後の排水の特徴，積雪量と積雪期間，凍結の深度と期間など。

2.7.8　土地利用に関する情報

作物種と作期，樹齢（樹園地･林地），生育状態，生産量（収量），皆伐･人工植林前の植生，病虫害の発生状況，施肥量（土壌改良資材を含む）および施肥方法，耕耘方法，潅漑水量，水質など。

2.7.9　土壌の人為的履歴に関する情報

開田・畑年次，干拓年次，明暗きょ施工年次，基盤整備，客土の量および年次，植栽や間伐などの施業履歴，潅漑設備年次，利用転換年次およびその状況など。

2.7.10 その他の情報

気象（微気象）の特徴と変化，自然災害の歴史，地形の特徴（微地形・起伏）など。

これらの項目のほかに，特殊な土壌の分布範囲や対象土壌の一般的生産力（地力），乾燥期の土壌状態など。また，土壌や土層に付けられた地域的俗名，たとえば，マツチ，黒ノッポ，赤ノッポ，シラス，オンジ，イモゴ，アカホヤ，マサ，カヌマ土などを記録しておく。これらについての情報は，土のおいたちや性質，生成年代などを知るうえからも重要なものである。とくに，関連分野（地形学，地質学，考古学）で用いられる地層や堆積物の名称（愛称）を併記することは，土壌層位や堆積物の対比において，関連分野の研究者との共通認識を深める手段としても有効である。

調査地点の近くに考古遺跡の発掘現場があるところでは，出土品の年代と出土位置の情報がえられれば，土壌層位の発達について考察するために有益である。

参考文献

鈴木隆介（1997）:『建設技術者のための地形図読図入門〈第1巻〉読図の基礎』, 古今書院.

鈴木隆介（1998）:『建設技術者のための地形図読図入門〈第2巻〉低地』, 古今書院.

鈴木隆介（2000）:『建設技術者のための地形図読図入門〈第3巻〉段丘・丘陵・山地』, 古今書院.

鈴木隆介（2004）:『建設技術者のための地形図読図入門〈第4巻〉火山・変動地形と応用読図』, 古今書院.

米倉伸之ほか編（2001）:『日本の地形1　総説』, 東京大学出版会.

小疇 尚ほか編（2003）:『日本の地形2　北海道』, 東京大学出版会.

小池一之ほか編（2005）:『日本の地形3　東北』, 東京大学出版会.

貝塚爽平ほか編（2000）:『日本の地形4　関東・伊豆小笠原』, 東京大学出版会.

町田 洋ほか編（2006）:『日本の地形5　中部』, 東京大学出版会.

太田陽子ほか編（2004）:『日本の地形6　近畿・中国・四国』, 東京大学出版会.

町田 洋ほか編（2001）:『日本の地形7　九州・南西諸島』, 東京大学出版会.

小池一之ほか編（2017）:『自然地理学事典』, 朝倉書店.

町田 洋・小池一之編（2001）:『日本の海成段丘アトラス』, 東京大学出版会.

FAO（2006）: Guideline for soil description, Fourth edition, FAO, Rome.

環境省自然保護局生物多様性センター HP　http://www.biodic.go.jp/

3.　土壌断面の作成

土壌断面調査の醍醐味は“穴掘り”に始まり，“穴埋め”に終わるといっても過言ではない。今，目の前に現れた土壌断面は“一期一会”であり，同じ土壌断面に出会えることは二度とない。貴重な土壌断面からできるだけ多くの情報を引き出すことが重要であり，そのためには土壌の“横顔（プロファイル）”を美しく整えたいものである。

3.1　土壌断面の作り方

調査地点が決まったら，いよいよ調査用の試坑（pit，図3－1）を掘る。この場合，傾斜が緩い所や平坦な所ではスコップが便利であるが，傾斜地ではクワの方が使い易い。また掘る際には，土壌の硬軟，ねばり具合い，石礫や根の分布状態などに注意して，それらの概略をつかんでおくと，あとの土壌断面の調査の際にたいへん参考となる。

続いて試坑内に土壌を観察するための垂直な断面（これを**土壌断面**（soil profile）という）を設定する。一般に傾斜地のような所では，斜面上方に傾斜方向に直交する（等高線に並行する）面を土壌断面とすることになっているが，平坦な所では，土壌の観察や写真撮影に都合がよいように，日光がむらなく当たるような面を土壌断面とすると便利なことが多い。

土壌断面の大きさは目的によって異なるが，土壌調査用の標準断面としては，一般に幅1 m，深さ1～1.5 m くらいが適当である。したがって試坑の大きさも，幅1 m，深さ1～1.5 m，

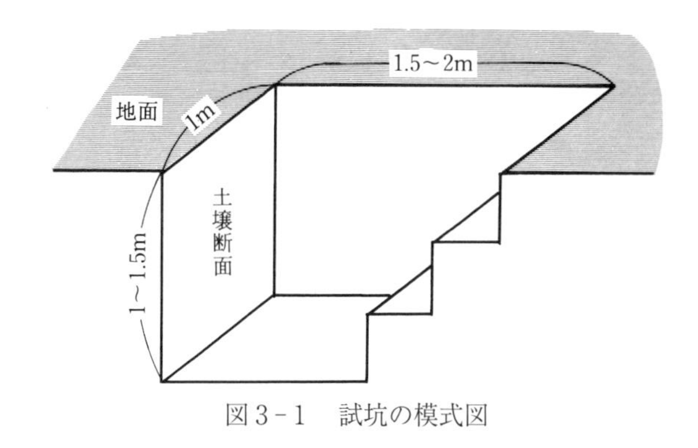

図3－1　試坑の模式図

そして，土壌断面の反対側に数段の階段を作るようにすると，試坑への出入りなどあとの作業にたいへん都合がよい。

掘り出した土は試坑の両側に積み上げておくと，調査終了後の埋め戻しに便利であるが，その際，観察用の土壌断面の地表部に掘り出した土を落としたり，あるいはそこを踏みつけたりして，土壌断面の表層部の自然の状態を乱すことがないよう注意しなければならない。また，畑地や水田などにおける調査の場合には，元の状態に埋め戻せるように，作土（表層土）と心土（下層土）とを，それぞれ別々に積み上げておくことも大切である。その時，3 m× 3 m くらいのビニールシートを試坑の両側において，その上に作土（表層土）と心土（下層土）を分けて積み上げておくと，周辺をかく乱しないで埋め戻すことができる。

素掘りが終わったら，土壌調査用のコテや剪定バサミなどを用いて，調べようとする土壌断面内のスコップやクワの跡を削ったり，植物の根などを切り揃えたりして断面の整形を行う。この作業は，一般に表層から始めて順次下層に進めていく

のがよい。まず，O層などの堆積有機質層が存在する場合には，これを上から片手で軽く押さえて剪定バサミで切り揃える。そして，その下位の土壌層においては，調査用コテなどで大きな凹凸を削り整えるとともに，土壌構造による自然の破断面などはこれを尊重し，多少の凹凸をもたせて仕上げると，構造の特徴が見やすい良い断面が得られる。またそれとは反対に，水田土壌などの場合には，調査用コテやねじり鎌で表面がなめらかになるように削って仕上げると，層界や斑紋が見やすい断面が得られる。その際，石礫はできるだけ断面内に残すようにし，また，植物根は断面から5～10 mm程度離して切り揃えると，あとの調査や写真撮影などの際に便利である。

泥炭地や後背湿地などで地下水位が高い場合には土壌断面の作成後に湧水により観察面の大部分が浸水することがある。そのようなときは，バケツで水をくみ上げたり，ポンプで排水したりしながら土壌断面を確保して調査する。調査項目によっては，排水後に取り出した土塊を使用すると，何度も水の汲みだしをせずに調査することができる。

3.2　土壌断面・周辺景観の写真撮影およびスケッチ

土壌断面の整形が終わったら，次にスケールを断面の左側にたてかけ，また調査地名，土壌名および調査年月日などを記入した札（カード）を左上に置いて写真撮影を行う。スケールの目盛は，そのままでは写真で判読しがたいので，エナメルかカラーペンなどで10 cmおきに色をつけておくと見やすい。

写真撮影に際しては，土壌断面の一部に直射日光が当たっていると，色が飛んだり陰陽のコントラストが極端になったりしやすいので，半透明のビニールシートや傘などで直射日光をさえぎると，良い結果が得られることが多い。基本的にストロボを使用しない方が良い写真が得られるが，必要とする場合もある。森林内など暗い場合には三脚を使用するなどカメラを固定した方が良い。

いずれにしても，自然の土壌の色はなかなか写真に再現し難いものであるから，シャッタースピードや絞りを変えて何枚か撮影しておく。また，写真撮影用カラースケール[注6)]があると自然に近い色の写真が得られる。

土壌断面の撮影が終わったら，調査地点周辺の地形や植生の景観を写しておくことも大切である。

続いて断面のスケッチを行う。それにはまず層位の区分が必要であるが，それについては次の土壌断面の記載を参照されたい。スケッチに際しては，O層の状態，各層位の移行状態，石礫や根の分布状態など，土壌の特徴をよくつかんで描くことが

注6）　たとえばコダックカラーセパレーションガイド&グレースケール(S),(L)がある。(S)は横幅8インチ，(L)は14インチで，ともにカラー10色，グレー10色である。

大切である。またその際に，さらにもう１本のスケールを地表に横におき，断面内の主な特徴を，座標軸の要領で土壌断面調査票に落としていくと便利である。

4. 土壌断面の記載

断面記載のない土壌サンプルは，分析試料としての価値が半減してしまう。したがって，土壌断面の調査の段階では視覚・聴覚・臭覚・味覚・触覚といった五感を十分に発揮して，土壌断面に刻印された土壌のおいたちの歴史を克明に観察・記録することが大切である。「百聞は一見にしかず」という諺があるが，ここではさらに「百見は一触にしかず」，とにかく直接自分の手でさわってみるのが，土壌断面調査の第一歩である。スコップやクワで試坑を掘り始めた段階で，すでに深さによって堅さが違ったり，スコップの先にねばりつく土やさらさらした土，ずっしりと重い土や，ふわっとした軽い土など，手ごたえが違ったりすることに気がつく。また，掘りあげた土塊がくずれる大きさや形などが深さによって違うことなども観察される。こうして試坑を作りながら，土壌の性質が移り変わる境界がいくつぐらいあるか，その境界の深さがどのくらいであるか，あらかじめ見当をつけておく。

4.1 層位の分け方

試坑ができあがったら，調査する土壌断面を調査用コテで平らにけずり，色，根の分布，構造，粒子のあらさ，孔隙，石礫の含量，あるいは調査用コテの先端や親指の爪先で断面をついた時の抵抗の大小などに着目して，形態的性質の異なるいくつかの層に区別し，その境目に線を引き，**層位**（horizon）や**層理**（layer）を分ける。このようにして区分したそれぞれの

層について，下記の順にしたがって各種の性質を判定し記録する。なお，層位名は全項目を調査した後にすべての結果を踏まえて5節にしたがい命名する。

4.2 層　界

層界（horizon boundary）すなわち土壌層位間の境界は，明瞭な場合も漠然としている場合もあり，また境界の形状も平坦なものから複雑な形のものまである。境界が明瞭な場合には，そこを境として土壌の物理性や化学性が急激に変化していることを示す。層界は，深さ，形状，明瞭度で表示する。

4.2.1 深　さ

各層位の断面内での位置や範囲を明らかにするために，まず層界の深さ（depth）を記載する。層界の深さを測る場合には，無機質土壌では無機質層位の最上端（O 層があるときはその下端）を，有機質土壌ではすべての層位の最上端を基準にして，そこから測った各層位の上端と下端の最小値と最大値を併記し，30/35 ～ 45/50 cm のように表す。O 層の場合は，基準である無機質層位の最上端から上方へ向かって高さを測定し，数字の前に“+”を付して，Oi 層：+12/11 ～ + 5/4 cm，Oe 層：+ 5/4 ～ + 2/1 cm，Oa 層：+ 2/1 ～ 0 cm のように表示する。最小値と最大値を併記せず，平均値を用いて Oa 層：+ 2 ～ 0 cm，Bw 1 層：33 ～ 48 cm のように表してもよい。

層厚は，各層位の厚さの最小値と最大値をもって 12 ～ 20 cm のように表す。

4.2.2 形　状

層界の形状（topography）は，次の 4 種類に区分する。

表4-1　層界の形状の区分

区　分	記　号	基　準
平　坦 Smooth	―――――――	ほとんど平坦
波　状 Wavy	〜〜〜	凹凸の深さが幅より小
不規則 Irregular	⊓⊓⊓	凹凸の深さが幅より大
不連続 Broken	―×―×―	層界が不連続

4.2.3　明瞭度

層界の明瞭度（distinctness）は，次の層までの移り変わる距離（層界の幅）を基準にして，次の4段階に区分する。

層界の幅が10 cm以上におよぶ場合，その範囲を一つの層位として独立させた方が良い。

表4-2　層界の明瞭度の区分

区　分		記　号	基準（層界の幅）
画然	Abrupt	―――（太い実線）	＜1 cm
明瞭	Clear	―――（実線）	1 ～3 cm
判然	Gradual	―・―・―（鎖線）	3 ～5 cm
漸変	Diffuse	---------（点線）	≧5 cm

4.2.4　文章記載例

報告書などでは上記の形状と明瞭度を組み合わせて，「**平坦漸変**」，「**波状判然**」，「**不規則明瞭**」などのように記載する。

4.3　土　色

土色（soil color）は，土壌の物理性，化学性，生物学的性質と密接に関係しており，土壌を特徴づけるための有効かつ重要な形態的要素である。

4.3.1　土色の表示

土色の表示はマンセル表色系に準じた新版標準土色帖（農林水産省農林水産技術会議事務局監修）[注7]を用いて行う。

土色は，

色相（hue）　：色み（赤，黄，青など）

明度（value）：色の明暗

彩度（chroma）：色の強さ，あざやかさ

の三属性で表示される。

土色帖には，色相ごとに，垂直方向に明度，水平方向に彩度の各段階に相当する色片が貼ってある。色片を貼ったページの左側のページに，その色片に相当する土色名が示されている。土色の表示は，**土色名 色相 明度 / 彩度**の順に並べ，**赤褐 5 YR 4/6**のようになる。

土色は土壌の水分条件によって変わるので，ふつう湿土の色を記載する。必要なら土塊を乾かし，乾土の色も併記する。

なお海外で調査をする際には，赤色の hue（5 R）や濃い chroma が掲載されている，たとえば米国製の土色帖を使用した方が便利な場合がある。

4.3.2　土色の判定

1）　土色を調べようとする層位の中で，もっとも代表的な

注7）　発売元：富士平工業（農産機器部TEL 03-3812-2276）

色調の部分から適当な大きさの土塊をとり，土色帖の付録の台紙の上にのせる。土色が暗いときは黒い台紙を，明るいときは白い台紙を用いる。

2） 台紙上の土壌の色にもっとも近い色相のページをさがし，そのページに台紙をのせて移動させながら，土壌の色と一致する色片をさがす。この場合，強烈な直射日光や林内の薄暗いところは避け，できるだけ明るい日陰で行うことが望ましい。

3） 土壌の色と一致する色片が決まったら，土色の表示法にしたがって記載する。土壌の色が色片の色と一致せず中間的な場合，たとえば色相が2.5Yと5Yの中間ならば3.75Y，明度が3と4の中間ならば3.5，彩度が2と3の中間ならば2.5とし，3.75Y 3.5/2.5のように小数を用いて記載する。

4） 斑紋，結核，粘土被膜などがある層位では，土壌の基質（マトリックス）の色と斑紋，結核，粘土被膜などの色を分けて判定し，斑紋，結核，粘土被膜の色は土壌断面調査票のそれぞれの欄に記載しておく。

5） 彩度が1より小さい場合は，付録の無彩色色片を左側にならべて比較する。

6） 砂質の土壌の場合には雑色を呈していることが多い。しかし，砂粒それ自体の色はそれほど重要ではなく，むしろ砂粒を被膜している色に注意しなければならない。砂丘未熟土のような場合は，砂の色であることを明記しておいたほうがよい。

7） 土色とくに明度は，水分によって変化するので，土色判定時の水分状態（後述）を同時に記載する必要がある。

とくに土壌が乾いている場合には，全体に白っぽくなっていて土壌の特徴的な色が表れていないので，このような場合には土壌を水で湿らせ，水膜が土壌表面から消失した後に湿土の色を判定し，乾土と湿土の色を併記する。また夕方は光線の具合で赤色味が強く判定されやすいから注意を要する。

8）泥炭土壌やグライ土壌などの湿性土壌ではとくに土色が短時間で変わりやすいことに注意する。空気に触れるとすぐに変色する場合もあり，観察時には断面内で確認できる土色と調査用コテで削った直後に観察できる土色の両方を記録しておきたい。

9）色片は土壌が付着してよごれやすいので，調査終了後必ず，水で湿らせた清潔な布で軽くふきとっておくこと。ただし，シンナーなどの溶剤を用いてはならない。

4.3.3 土色と特徴的土層との関係

各種土壌分類における土色と特徴的土層との関係を表4-3～表4-5に示す。

表4－3　土色と特徴的土層との関係（1）

A. 包括的土壌分類 第1次試案（小原ら，2011）

特徴層位／土色	色相	明度	彩度	備　考
腐植質表層		≦ 3 3/3を除く	≦ 3	有機態炭素含量≧3％，層厚≧25 cm。
多腐植質表層		≦ 3 3/3を除く	≦ 3	有機態炭素含量≧6％，層厚≧25 cm。
褐色多腐植質黒ボク表層		≧ 3	≧ 3	有機態炭素含量≧4％，かつ加重平均有機態炭素含量≧6％，層厚≧30 cm。
埋没腐植層		≦ 3 3/3を除く	≦ 3	有機態炭素含量≧3％，層厚≧10 cm。上部に明度が1単位以上高く，かつ有機態炭素含量が1％以上低い層厚≧10 cmの層をもつ。
漂白層		6～8 5 4	≦ 4 ≦ 3 ≦ 2	層厚≧1 cm。
ポドゾル性集積層	10 R～7.5 YR 10 YR	≦ 5 ≦ 3	≦ 4 ≦ 2	層厚≧2.5 cm。
富塩基暗色表層		≦ 3 3/3を除く	≦ 3	有機態炭素含量≧0.6％，塩基飽和度≧50％。
赤	10 R～5 YR	＞ 3	≧ 3	4/3，4/4を除く。
暗赤	10 R～5 YR	≦ 3	3≦彩度≦ 6	4/3，4/4を含む。
黄	7.5 YR～5 Y	≧ 3	≧ 6	3/6，4/6を除く。
黄褐	7.5 YR～5 Y	≧ 3	3≦彩度＜ 6	3/6，4/6を含む。
灰	10 R～7.5 Y， N	≧ 3 ≧ 3	＜ 3	
青灰	10 Y～青緑			
黒～黒褐		＜ 3		暗赤色を除く。

表4-4　土色と特徴的土層との関係（2）

B. 林野土壌の分類（林試土じょう部，1976）

土　層	色相	明度	彩度	備　考
黒色土A層		≦2	≦2	厚さ約 30 cm 以上*容積重小，保水力大，火山灰母材であることが多い。
淡黒色土A層		＞2	＞2	
暗赤色土B層	10R～5YR	3～4	4～6	
赤色土B層	5 YR 4/6 より赤みが強い。			
黄色土B層	10 YR 6/6 あるいはこれより黄色みが強い。			
赤色系褐色森林土B層	5 YR 5/6 より赤みが弱く，7.5 YR 5/8 より赤みが強い。			
黄色系褐色森林土B層	10 YR 6/6 より黄色みが弱く，7.5 YR 6/8 より黄色みが強い。			

* 規定されていないが，通常このように考えられている。

表4－5　土色と特徴的土層との関係（3）

C. 日本土壌分類体系

（日本ペドロジー学会第五次土壌分類・命名委員会，2017）

特徴層位／土色	色　相	明度	彩度	備　考
腐植質表層		≦3 3/3を除く	≦3	有機態炭素含量≧3％，層厚≧25 cm。
多腐植質表層		≦ 3 3/3を除く	≦3	有機態炭素含量≧6％，層厚≧25 cm。
埋没腐植層		≦ 3 3/3を除く	≦3	有機態炭素含量≧3％，層厚≧10 cm。上部に明度が1単位以上高く，かつ有機態炭素含量が1％以上低い層厚≧10 cmの層をもつ。
漂白層		6～8 5 4	≦4 ≦3 ≦ 2	層厚≧1 cm。
ポドゾル性集積層	10 R～7.5 YR 10 YR	≦5 ≦3	≦4 ≦ 2	層厚≧2.5 cm。
富塩基暗色表層		≦ 3 3/3を除く	≦3	有機態炭素含量≧0.6％，塩基飽和度≧50％。
赤	10 R～5 YR	＞ 3	≧3	4/3，4/4を除く。
黄	7.5 YR～5 Y	≧ 3	≧6	3/6，4/6を除く。
褐	5 YR～5 Y	≧ 3	3 ≦彩度＜ 6	3/6，4/6を含む。
黄褐	10 YR～5 Y	≧ 4	3 ≦彩度＜ 6	4/6を含む。
赤褐	5 YR	≧ 4	3 ≦彩度＜ 6	4/6を含む。
灰	10 R～7.5 Y, N	≧ 3 ≧ 3	＜3	
青灰	10 Y～青緑			
黒～黒褐		＜ 3		

4.4 斑紋・結核

土壌中である成分がある部分に濃縮し，または除去されて，土色が周りの基質から区別されるものを**斑紋**（mottling）という。またある成分が濃縮しかつ硬化したものを**結核**（concretion）という。これらは土壌生成環境の指標として重要である。

斑紋・結核は土壌や堆積物中で新たに生成したものであり，いろいろな風化段階の礫や土器の破片，炭化木片などは周りの土と色や硬さが違っても，斑紋・結核とはいわない。礫，人工遺物や炭化木片などは後項（4.8，4.13.4 および 4.16）に従い記載する。

鮮明度，形状，色，量，大きさ，硬さのうち，斑紋は硬さを除く各項目を，結核は鮮明度を除く各項目を観察，記載する。

4.4.1 鮮明度

斑紋の鮮明度（contrast）は，基質の色とのコントラストでどのくらい際立っているかによって，次の３段階に分ける。

表４-６　斑紋の鮮明度の区分

区　分	記号	基　準
不鮮明 Faint	F	色相，彩度，明度ともに基質のそれに近く，注意して観察することにより見分けられる。
鮮　明 Distinct	D	色相で１～２段階，明度・彩度で数段階基質から離れている。
非常に鮮明 Prominent	P	色相，彩度，明度とも基質から数段階異なっており，非常に目につく。

（FAO, 2006）

4.4.2　形　状

わが国は水田土壌調査の豊富な経験から鉄・マンガンの酸化沈積物に由来する斑紋の観察は諸外国に比べ詳しく，形状（shape）も次のように分けて記載する。

表 4-7 斑紋の形状の区分

区　分	記号	基　準
糸根状 Root-like	RO	イネの根の跡などに沿った条線状のもの。主に作土に形成される。
膜　状 Filmy	FI	割れ目または構造体表面を被覆する薄膜状のもの。主に作土やグライ層に形成される。
管　状 Tubular	TU	根の孔に沿ってできる点は糸根状と同じであるが，肉厚のパイプ状のもの。外縁部の輪郭が不鮮明なものをとくにうん（暈）管状とよぶことがある。主にグライ層や地下水湿性な灰色の下層土に形成される。
不定形 Irregular	IR	作土やグライ層の上端付近にみられる不定形斑状のもの。雲状と混同されやすいが，この斑鉄は，雲状とは逆に，孔隙や構造面から基質の方へ広がっていて，両者は生成過程がまったく異なる。
糸　状 Thread-like	TH	細かい孔隙に沿った糸状のもの。網状に広がっていることが多い。灌漑水湿性水田土壌の鉄集積層を構成していることが多い。
点　状 Speckled	SP	基質中に斑点状に析出したもの。ほとんどが黒褐色のマンガン斑。
雲　状 Cloudy	CL	基質中にみられる輪郭不鮮明な不定形斑状のもの。ほとんどがオレンジ色の斑鉄で，孔隙や構造面に近づくにつれしだいに薄れ，灰色に変わる。灌漑水湿性水田土壌の下層土や湿性な台地土の疑似グライ層に形成される。

これらの他は慣用される呼び方はないので適宜形状を記載する。

4.4.3　色

斑紋・結核の色（color）は，標準土色帖により判定する（4.3 土色の項参照）。

4.4.4　量

斑紋・結核の量（abundance）は，断面に占める面積割合で，次の6段階に分ける。

表4－8　斑紋の量の区分

区　分		記号	基　準
な　し	None	N	0 %
まれにあり	Very few	V	0 ～ 2 %
あ　り	Few	F	2 ～ 5 %
含　む	Common	C	5 ～ 15 %
富　む	Many	M	15 ～ 40 %
すこぶる富む	Abundant	A	≧ 40 %

（FAO, 2006）

割合は標準土色帖についている面積割合の図を参照して判定し，富む(18 %)のようにパーセントも付記するのが望ましい。

4.4.5　大きさ

斑紋・結核の大きさ（size）は，点状斑や結核の場合，直径（または長径，短径）を記載する。糸根状，糸状，管状斑は内径を記載する。

4.4.6 硬　さ

硬さ（hardness）は，結核に対してのみ適用する。

表4－9　結核の硬さの区分

区　分		記号	基　準
硬	Hard	H	指でつぶれないもの。
軟	Soft	S	人差し指と親指の爪先でつぶれるもの。
硬軟	Both hard and soft	B	上記，両方。

（FAO, 2006）

4.4.7 斑紋の種類

4.4.7.1 灰色斑と色模様

孔隙や構造間隙を水が満たして，その付近の鉄やマンガンが還元溶脱されると，孔隙･構造間隙に沿った部分が灰色になる。これを灰色の斑紋（または灰色斑）という。灰色の部分が拡がり，地色だった褐色の部分が所々に斑状に残るようになると，今度は褐色の方が斑紋とみなされる。

ただどちらが基質あるいは斑紋といえない場合もある。その例として，赤黄色土の網状斑とかトラ斑と呼ばれる，赤－黄または赤－白のモザイクがある。このような場合は2つ（時には3つあるいはそれ以上）の色を土色の欄に列記し，おのおのの割合とそれがどんな模様をしているかを記載する。

4.4.7.2　斑鉄およびマンガン斑

遊離の鉄やマンガンが特定の部位に濃縮したものを**斑鉄**および**マンガン斑**といい，鉄質のものは黄褐～赤褐色，マンガン質のものは黒褐～黒色を呈する。マンガン斑はテトラベース（TDDM）試薬で確認する（4.15.2 参照）。

水田土壌は，灌漑期に作土で還元されて溶解性を増した鉄やマンガン（Fe^{2+}，Mn^{2+}）が灌漑水の浸透とともに溶脱され，その直下で全部または一部が集積することによってできた形態（鉄集積層や灰色化層）を持つ表面水湿性（灌漑水湿性）のものと，灌漑水の浸透がほとんど起こらないためこれらの形態を持たず，その形態が単に地下水位の上下によりもたらされている地下水湿性のものとに分けることができる。水田土壌の下層土の斑紋は，これらの生成条件を反映しているので表 4-10 のように区分する。

表 4-10　水田土壌の下層土の斑紋と生成条件との関係

生成条件	主な斑紋
表面水湿性（灌漑水湿性）の下でできる斑紋	雲状，糸状，点状（点状二価鉄化合物斑紋を除く），糸根状，灰色斑
地下水湿性の下でできる斑紋	管状，膜状，不定形，糸根状，灰色斑

表 4-10 より，下層土の雲状，糸状，点状斑紋は表面水湿性（灌漑水湿性）を表す指標として，また管状，膜状，不定形の斑紋は地下水湿性を表す指標として用いることができる。

4.4.7.3　菱鉄鉱およびらん鉄鉱

菱鉄鉱（siderite）と**らん（藍）鉄鉱**（vivianite）は二価鉄の化合物で，ふつういずれもグライ層中に出現する。菱鉄鉱（炭酸第一鉄 $FeCO_3$）は灰白色で 0.5 ～ 1.5 cm 大の斑点状に析出し，ジピリジル試薬（4.15.1 参照）で濃赤色を呈し，塩酸で発泡するので識別できる。空気中に放置すると，酸化されて褐色に変わる。よく発達したものは硬化していることが多い。

らん鉄鉱（リン酸第一鉄 $Fe_3(PO_4)_2 \cdot 8\,H_2O$）も，新しい断面では灰色の斑点状または糸根状の形で析出し，一見菱鉄鉱とまぎらわしいが塩酸で発泡せず，かつ空気中に放置すると青～青らん色に変わるので区別できる。菱鉄鉱，らん鉄鉱ともに有機物に比較的富む暗青灰色のグライ層中に多く，地域的には日本海側の湿田地帯に広く存在するが，東北や関東・東海にも存在が知られている。

4.4.7.4　ジャロサイト

ジャロサイト（jarosite：$KFe\ (SO_4)_2(OH)_2$）は酸性硫酸塩土壌に指標的な斑紋で，灰色の基質にオリーブ黄色の糸根状，管状，膜状として析出する。わが国では稀にしかみられないが，諸外国ではデルタ地帯や海面干拓地に珍しくない。これが存在する土壌は強酸性である。

4.4.7.5　塩　類

世界の半乾燥～乾燥気候下では，土壌中に炭酸カルシウムおよび硫酸カルシウムの二次析出物が多い。硫酸カルシウムは土層中に均一に析出することが多いが，炭酸カルシウムは局在化して析出し，いろいろの形の白色の斑紋をつくる。たとえば基質中に眼玉大の球状析出物として，また孔隙に沿って糸根状に，構造表面に被膜状に析出する。量が少ないときは，構造面

を被いつくさず枝分かれしたすじ状（擬菌糸状またはフィラメント状）に析出することがある。炭酸カルシウムは塩酸に対して発泡する。

4.4.8　結核の種類

特定の物質の濃縮が進み，それに乾燥履歴が加わると，斑紋は硬化することがある。これを**結核**[注8)]という。たとえばマンガン質の点状斑は，硬化して軟結核になっていることが少なくない。管状斑鉄もよく発達したものはガマの穂状または紡錘形で硬化しており，その模式的産地（愛知県高師ヶ原）の名をとって，しばしば「**高師小僧**」と呼ばれる。菱鉄鉱やらん鉄鉱も，先述のように結核として産出することが少なくない。

沖縄のサンゴ石灰岩土壌中には，パチンコ玉～ラムネ玉大の同心円構造をもつ**鉄・マンガン質結核**がしばしばみつかる。

一方，風化火山灰土の下層土では，時としてマンガン質の芯をもつ黄白色の球状析出物が出現する。地方により「**ウズラの卵**」とか「**弘法の土まんじゅう**」と呼ばれ，多くは軟結核である。また，ポドゾルの鉄集積層には硬化した鉄質が埋まっていることがあり，**オルトシュタイン**とよばれる。

わが国にはほとんどみられないものとして，湿潤熱帯の土壌に多く産する鉄質の結核がある。**鉄石，ピソライト，散弾状結核**などと呼ばれる。また乾燥～半乾燥気候下では炭酸カルシウムの結核が多い。**レス人形，レス小僧，眼玉**などと俗称される硬化物がそれである。

注8）　土壌微細形態学では，硬化生成物を，①ほぼ球形で同心円状の内部構造を持つもの，②同心円状の内部構造を持たないもの，に分けて，前者を結核（concretion），後者をノジュール（nodule）と呼ぶことがある。ただ野外観察では両者の識別は常に容易とは限らないので，ここでは硬化生成物をまとめて結核と呼ぶ。

4.4.9 文章記載例

報告書などでは，「**鮮明な糸根状斑鉄（5 YR 4/4）富む（16 %）**」，または「**非常に鮮明な点状マンガン軟結核（10 YR 1.7/1）あり（3 %）**」のように記載する。

4.5 有機質層

4.5.1 泥炭の形成

過湿な条件下で集積した，湿生植物遺体を主とする堆積物を**泥炭**（peat）といい，泥炭がある厚さ以上堆積している土地を**泥炭地**（peat moor, peat land）という。泥炭地の地表面は生きた植物の層で被覆されており，この生きた植物の層の下底を0 cmとし，以深の層厚を記載する。

周囲に比べて低い位置に発達した，ヨシやスゲの植物遺体からなる泥炭は**低位泥炭**（low moor）という。泥炭層が厚くなり水面を越えて，主植生がヌマガヤ，ワタスゲ，小型のスゲ類に変わってきた段階の泥炭を，次の高位泥炭へ移行する過渡的泥炭という意味で**中間泥炭**（transitional moor）という。泥炭の堆積がさらに高くなると，貧栄養にたえてほとんど雨水のみで繁殖しうるミズゴケが繁茂してくる。この段階になると泥炭地の中央部が盛り上がり，始めの水面より高くなるので**高位泥炭**（high moor）とよぶ。

また，河川堆積物の混入量，土性，火山灰層の有無などについても記載する。表層の客土は，かなりの年数を経ていても混ざり方が不均一なので判定できることが多い。そのほかの鉱質物としては硫酸塩，らん鉄鉱，海水に由来する塩類の混入などがある場合も記載する。

4.5.2　森林や草原の堆積有機質層

一般に森林や草原などの植被に覆われている地表面は，落葉や落枝などの植物遺体ならびにそれらの分解生成物などからなる有機物が層状に堆積している。それらは**堆積有機質層**（organic horizon）と呼ばれ，土壌調査の際には，層の厚さ，色調，形態，水分状態，菌根・菌糸および根の分布状態などについて調査が行われる。

堆積有機質層は分解の程度を反映した形態の相違に基づいて，次のように区分する。

Oi：最表層に位置し，ほとんど未分解の落葉・落枝などからなる層。

Oe：原形は失われているが，肉眼で葉や枝などの元の組織が認められる程度の分解状態のものからなる層。

Oa：肉眼ではもとの組織の判別ができない程度に分解が進んだものからなる層。

上記の Oi 層，Oe 層，Oa 層は，従来から森林土壌調査で使用されている堆積有機質層の層位名 L 層（litter：リターの頭文字）および F 層（fermentation：発酵），H 層（humus：腐植）にそれぞれ相当する。

地表面での有機物分解は，その場所の環境条件が分解者である土壌動物や微生物の活動にとって好適であるかどうかによって大きく影響されるため，堆積有機質層の形態は，その場所の温度や水分などの環境状態を反映したものとなる。温度や水分環境が好適であり，土壌動物や微生物による有機物の分解作用が活発なところでは，Oe 層や Oa 層は薄く，落葉・落枝などがまばらに堆積した Oi 層のみの堆積有機質層（**ムル**（mull）型）が発達する。逆に，低温や乾燥・過湿など，土壌動物などによ

る有機物の分解作用が不活発なところでは，Oe層とOa層のとくに厚い堆積有機質層（**モル**（mor）型）が発達する。ムル型とモル型の中間的な形態を示す堆積有機質層は**モーダー**（moder）型と呼ばれる。

4.6　有機物

4.6.1　含　量

有機物（organic matter）の含量（content）の正確な測定は化学分析によらなくてはならないが，有機物が黒色味を呈することが多いことから，野外では湿っている時の土色の明度によって以下のようにおおよその有機物含量を判定する。

表4-11　有機物含量の区分

区　分	記号	基　準	明度による判定の目安
あり　Low	L	＜ 2 %	5 ～ 7（明色）
含む　Medium	M	2 ～ 5 %	4 ～ 5（やや暗色）
富む　High	H	5 ～ 10 %	2 ～ 3（黒色）
すこぶる富む Very high	V	10 ～ 20 %	1 ～ 2（著しく黒色）
有機質土層 Organic layer	O	≧ 20 %	≦ 2（軽しょうで真黒色）

報告書などでは，「**有機物富む**」のように記載する。

4.6.2　土色による有機物含量判定の留意点

以下に土色によって有機物含量を判定する場合に留意すべき点をあげる。

1）　一般に有機物含量は表層土壌で高く下層になるほど低くなる傾向にある。したがって上下の層位で土色が異ならず，その土色から判定される有機物含量区分が2区分にまたがるときは，表層土は有機物含量の高い区分に，下層土は低い区分に判定するのが無難である。

2）　黒ボク土の混入した沖積低地の土壌は，黒味の割には有機物含量が高くないことが多い。また，埴質な土壌に比べて砂質な土壌の方が，有機物含量が同じでも黒味が強くなる。したがってこのような土壌では，土色から判定される有機物含量区分よりも低めに見積もった方がよい。

3）　森林，とくに天然林の土壌は，暗色化に寄与しない有機物が多いために一般に有機物含量の高さほどには土色は黒くない。したがって土色から判定される有機物含量区分よりは高めに見積もった方がよい。

4）　未風化の火山砂，砂丘砂，河床の石礫などの呈する暗色は，有機物の色ではなく鉱物そのものの色であるので，当然のことながら有機物含量判定の目安とはならない。

4.6.3　泥炭の分解度

泥炭の分解度は，泥炭土の高次分類基準に用いられるほど重要な指標である。

ここではポスト法による判定法を示す。この方法では，泥炭の塊を手で搾るように握りしめた時に指間から滴る搾り汁の色が濃くかつ濁りが強いほど，また搾ったあと手のひらの植物繊

維が少なければ少ないほど分解が進んでいるものと判定とする。分解度は10段階（H1～H10）に分けられ（表4-12～表4-13），H1～H3を低度の分解（Hi層に相当），H4～H7を中度の分解（He層に相当），H8～H10を高度の分解（Ha層に相当）と大きく3区分される。鉱質土壌の混入が多い泥炭は分解度を高く判定しがちになるので注意が必要である。

表4-12　ポスト法による分解度判定基準（1）

分解度	握る前の泥炭の状態			
	土色	分解状態	コロイド状有機物	植物繊維と組織
H1	白また黄	完全に未分解	なし	完全・明瞭
H2	ごく淡褐	ほぼ完全に未分解	なし	完全・明瞭
H3	淡褐	やや分解	なし	完全・明瞭
H4	淡褐	軽度に分解	微量	やや完全・明瞭
H5	褐	かなり腐植化	相当あり	やや明瞭を欠きはじめるが識別容易
H6	褐	相当に腐植化	かなり多量	明瞭を欠く
H7	暗褐	かなり強度に腐植化	多量	識別可能な組織を含む
H8	暗褐	強度に腐植化	きわめて多量	非常に困難
H9	ごく暗褐	ほぼ完全に分解	大部分	ほとんどなし
H10	黒	完全に分解	全部	なし

表4-13　ポスト法による分解度判定基準（2）

分解度	握ったときの搾汁，搾出物割合，泥炭残渣の状態		
	搾汁	搾出物割合	泥炭残渣
H1	無色・透明	なし	全部が明瞭な繊維と組織
H2	透明・褐色	なし	全部が明瞭な繊維と組織
H3	濁り水	なし	明瞭な繊維と組織
H4	非常に濁った水	なし	軽度にかゆ状
H5	強度に濁った水	若干	相当にかゆ状
H6	強度に濁った水	1/3搾出	極度にかゆ状，しかし握る前より識別しやすい
H7	濃厚な麦粉スープ状	1/2 搾出	極度にかゆ状
H8	濃厚な麦粉スープ状	2/3搾出	識別できるものは分解しがたい根と木質
H9	—	ほぼ全量が搾出	微量
H10	—	全量が搾出	なし

4.7 土　性

4.7.1 粒径区分

土壌を構成する無機質の粒子は，粒径によって表 4-14 のように区分する。

表 4-14　国際土壌学会法による粒径区分[注9]

粒径区分	粒　径	区分の根拠
礫	≧ 2 mm	水をほとんど保持しない。
砂（粗砂）	2 ～ 0.2 mm	毛管孔隙に水が保持される。
砂（細砂）	0.2 ～ 0.02 mm	同上，肉眼で見える限界。
シルト	0.02 ～ 0.002 mm	凝集して土塊を形成する。
粘土	< 0.002 mm	コロイド的性格をもつ。

4.7.2 土性区分

土性（soil texture）は細土（2 mm 以下）の鉱質部分を構成している粗砂，細砂，シルト，粘土の粒径組成から判断され，砂，シルト，粘土の重量%の組成によって区分される。わが国では，粒径区分とともに，砂土，壌質砂土，砂壌土の細分を付け加えた次頁のような土性区分が一般的に用いられている。

図 4-1 は土性区分をわかり易く図示した土性三角図表といわれるもので，図中の点線で示した例のように，粘土%の値から砂軸に平行に引いた直線と，砂%の値からシルト軸に平行に引いた直線との交点に位置する領域の土性名を読みとる。

注9）　粒径や土性の区分は国や機関によって異なるが，同じ呼称が使用されている場合が多く注意が必要である。

表4-15　土性の区分

区　分	記号	基　準（粒径組成 %）		
		粘　土	シルト	砂
砂　土* Sand	S	0～　5	0～　15	85～100
壌質砂土* Loamy Sand	LS	0～　15	0～　15	85～　95
砂　壌　土* Sandy Loam	SL	0～　15	0～　35	65～　85
壌　土 Loam	L	0～　15	20～　45	40～　65
シルト質壌土 Silt Loam	SiL	0～　15	45～100	0～　55
砂質埴壌土 Sandy Clay Loam	SCL	15～　25	0～　20	55～　85
埴　壌　土 Clay Loam	CL	15～　25	20～　45	30～　65
シルト質埴壌土 Silty Clay Loam	SiCL	15～　25	45～　85	0～　40
砂　質　埴　土 Sandy Clay	SC	25～　45	0～　20	55～　75
軽　埴　土 Light Clay	LiC	25～　45	0～　45	10～　55
シルト質埴土 Silt Clay	SiC	25～　45	45～　75	0～　30
重　埴　土 Heavy Clay	HC	45～100	0～　55	0～　55

* 粗砂および細砂の含量により次のように細分される。

粗砂土　　（CoS）：細砂40%以下，粗砂45%以上
細砂土　　（FS）　：細砂40%以上，粗砂45%以下
壌質粗砂土（LCoS）：細砂40%以下，粗砂45%以上
壌質細砂土（LFS）　：細砂40%以上，粗砂45%以下
粗砂壌土　（CoSL）：細砂40%以下，粗砂45%以上
細砂壌土　（FSL）　：細砂40%以上，粗砂45%以下

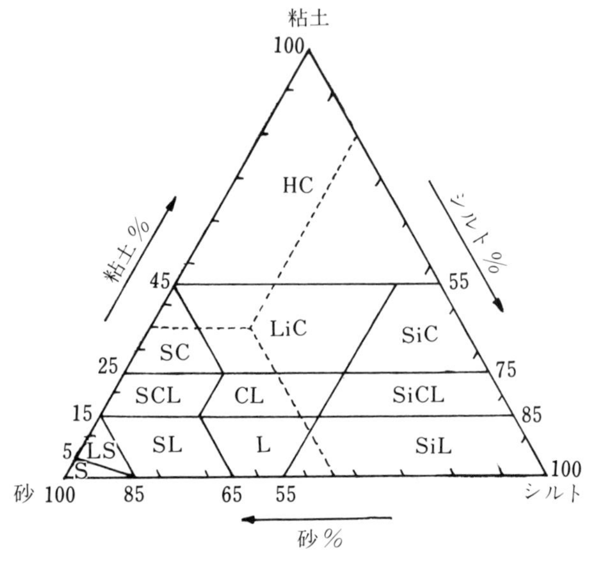

図4－1　土性三角図表

4.7.3　野外での土性の判定

土性は，風化の程度，粘土の機械的移動，異種母材の判定において重要な目安となるだけでなく，土壌断面の層位分けの判定にも有効なため，現場での手ざわりや肉眼的観察によるおおよその判定（野外土性という）を行うことが必要である。一方で，最終的な土性は実験室における粒径分析によって決定されなければならない。

野外土性を判定するには，各層位から採取した小土塊に，可塑性が最大になるように適量の水を加えたのち，親指と人差し指の間でこねて，砂の感触の程度，粘り具合などを調べ，表4－16に示した目安にしたがって判定する。

表4-16　野外土性判定の目安

判　定　基　準	土　性
ほとんど砂ばかりで，ねばり気をまったく感じない	砂土（S）
砂の感じが強く，ねばり気はわずかしかない。	砂壌土（SL）
ある程度砂を感じ，ねばり気もある。砂と粘土が同じくらいに感じられる。	壌土（L）
砂はあまり感じないが，サラサラした小麦粉のような感触がある。	シルト質壌土（SiL）
わずかに砂を感じるが，かなりねばる。	埴壌土（CL）
ほとんど砂を感じないで，よくねばる。	軽埴土（LiC）
砂を感じないで，非常によくねばる。	重埴土（HC）

表にない土性（例：SiCL や LS）についても，この目安を参考に記載する場合がある。土性の判定にはかなりの熟練を要するが，粒径分析によって土性が明らかにされている数種類の標準試料を携行し，それを参考にすれば実験から得られる土性に近い結果が得られる。土性判定練習用の標準試料[注10)]も販売されている。

4.8　石　礫

土壌に含まれる直径 2 mm 以上の鉱物質粒子は**石礫**（rock fragment）として，直径 2 mm 以下の細土と区別して調査する。石礫の調査においては，岩質，風化の程度，大きさ，形状，含

注10)　土性練習用土壌標本（日本土壌協会監修）：富士平工業（農産機器部 TEL 03-3812-2276）および大起理化工業（TEL 048-568-2500）が販売。

量を記載する。

4.8.1 岩 質

土壌中に含まれる石礫は多少とも風化変質しているので，岩石ハンマーで砕いて新鮮な面を露出させ，ルーペで構成鉱物を観察して岩石の種類（rock type）を判定する。岩質の判定には岩石学的素養が必要なので，日頃，岩石標本などを参考に学習しておくことが大切である。判定が困難なときはサンプルを持ち帰り，専門家に判定を依頼し，できるだけ正確に記録するように心掛るべきである（2.5 基盤地質と地形構成物質と地形被覆物質の項参照）。

4.8.2 風化の程度

石礫の風化程度（state of weathering）は，次の4段階に区分する。

表4-17 風化の程度の区分

区 分	記号	基 準
未風化 Fresh	F	もとの岩石の堅硬度と色を保つもの。
半風化 Slightly weathered	SL	多少風化変質しているがなお堅硬度を保つもの。
風 化 Weathered	W	手で辛うじて圧砕できる程度まで風化変質しているもの。
腐 朽 Strongly weathered	ST	スコップで容易に削れる程度に風化変質し，石礫の形態だけ残しているもの（腐朽礫）。

4.8.3　大きさ

石礫の大きさ（size）は，長径により次の6段階に区分する。

表4-18　石礫の区分

区　分		記号	基　準（長径）
細　礫	Fine gravel	FG	0.2 ～ 1 cm
小　礫	Gravel	G	1 ～ 5 cm
中　礫	Stone	S	5 ～ 10 cm
大　礫	Large stone	LS	10 ～ 20 cm
巨　礫	Boulder	B	20 ～ 30 cm
巨　岩	Large boulder	LB	≧ 30 cm

地質学などでは表4-19のような区分が用いられているので，最大と最小の大きさを調べ，その範囲を併記するとよい。

表4-19　地質学の石礫区分

		記号	基　準（長径）
細　礫	Granule	G	2 ～ 4 mm
小　礫	Pebble	P	4 ～ 64 mm
中　礫	Cobble	C	64 ～ 256 mm
大　礫	Boulder	B	≧ 256 mm

4.8.4 形　状

石礫の形状（shape）は，円磨度によって次の5種類に区分する。

表4-20　石礫の形状の区分

区　分	記号	基　準
平　礫 Flat	F	平らなもの。
角　礫 Angular	A	稜が鋭くとがっているもの。
亜角礫 Subangluar	SA	稜が磨滅して丸みをおびるもの。
亜円礫 Subrounded	SR	稜がほとんどなくなっているもの。
円　礫 Rounded	R	球形に近いもの。

4.8.5　含　量

石礫の含量（abundance）は，石礫の占める面積割合によって，次のように区分する。

表4-21　石礫含量の区分

区分		記号	基　準
な　し	None	N	0％
あ　り	Few	F	0 ～ 5％
含　む	Common	C	5 ～ 10％
富　む	Many	M	10 ～ 20％
すこぶる富む	Abundant	A	20 ～ 50％
礫　土	Dominant	D	≧50％

面積割合の判定には，標準土色帖についている面積割合判定用のチャートを利用すると便利である。

4.8.6　文章記載例

報告書などでは，「**花崗岩質風化中亜角礫富む**」や「**はんれい岩質腐朽大円礫および風化中円礫すこぶる富む**」のように記載する。

4.9　土壌構造

砂や粘土などの土壌構成粒子が形成する集合体（ペッド：ped）を**土壌構造**（soil structure）という。土壌構造は，乾燥や湿潤の繰り返し，植物根や土壌動物などの作用によって形成されるため，土壌の生成環境をよく反映し，生産力とも密接な関係がある。土壌構造の調査では，発達程度，大きさ，形状を記載する。構造が発達していないものは**無構造**（structureless）として区別する。

4.9.1 発達程度

土壌構造は発達程度（grade）によって次のように区分する。

表 4-22 土壌構造の発達程度の区分

区 分	記号	基 準
弱 度 Weak	WE	土層内でペッドを辛うじて識別できる。断面から土塊を取り出すと，ペッドの大半が壊れる。ペッドを形成しない土壌粒子もかなりある。
中 度 Moderate	MO	土層内ではペッドはあまりはっきりしないが，断面から土塊を取り出すと，かなり安定で明瞭なペッドと若干の壊れたペッドに分けられる。ペッドを形成しない土壌粒子はほとんどない。
強 度 Strong	ST	土層内でペッドがきわめて明瞭に認められ，断面から取り出した土塊のほとんどが完全なペッドに分けられる。ペッドを形成しない土壌粒子はほとんどない。

（FAO, 2006）

4.9.2 大きさ

土壌構造の大きさ（size）は，土壌構造の形状によって基準が異なる。ペッドの最小径によってそれぞれ次のように6区分する。

表4-23　土壌構造の大きさの区分

区　分		記号	基　準　（最小径 mm）		
			粒状 / 板状	塊状	柱状
細	Very fine	VF	< 1	< 5	< 10
小	Fine	F	1 ～ 2	5 ～ 10	10 ～ 20
中	Medium	M	2 ～ 5	10 ～ 20	20 ～ 50
大	Coarse	C	5 ～ 10	20 ～ 50	50 ～ 100
極大	Very coarse	VC	≧ 10	≧ 50	100 ～ 500
巨大	Extremely coarse	EC	-	-	≧ 500

（FAO, 2006）

4.9.3　形　状

土壌構造および無構造の形状（type）は，次の表のように区分する（図4-2参照）。

表 4 -24 土壌構造の区分（1）

区 分	記号	特 徴
粒状 Granular 屑粒状（団粒状） Crumb 粒状 Granular	 CR GR	ほぼ球体または多面体で，周りのペッドの構造面とは無関係の湾曲したまたは不規則な構造面を持っている。指間で容易につぶれ，膨軟で多孔質な屑粒状と比較的孔隙が少なく丸みがあり堅くてち密な粒状とがある。
塊状 Blocky 角塊状 Angular blocky 亜角塊状 Subangular blocky 堅果状 Nutty	 AB SB NT	ブロックまたは多面体で，周りのペッドの構造面と対称的な平らか丸みのある構造面を持っている。典型的なものは等方体であるが，柱状や板状へのさまざまな移行型がある。稜角が比較的角張った角塊状と，稜角に丸みのある亜角塊状とがある。よく発達した角塊状構造は堅果状（nutty）構造ともいう。
柱状 Prismlike 円柱状 Columnar 角柱状 Prismatic	 CO PR	垂直に長く発達した柱状の構造で，周りのペッドの構造面と対称的な平らかやや丸みのある構造面を持っている。柱頭が丸い円柱状と丸くない角柱状とがある。
板状 Platy	PL	平板状に発達した構造で，ほぼ水平に配列し，ふつう重なり合っている。一般に溶脱を受けた土壌の表層部に発達する。

表 4 -25 土壌構造の区分（2） 無構造のもの

区 分	記号	特 徴
単粒状 Single grain	SG	砂丘の砂のように各粒子がバラバラの状態にあるもの。
壁状 Massive	MA	土層全体がち密に凝集し，一定の構造を認めることができないもの。常時湿潤な土壌の下層土に多い。

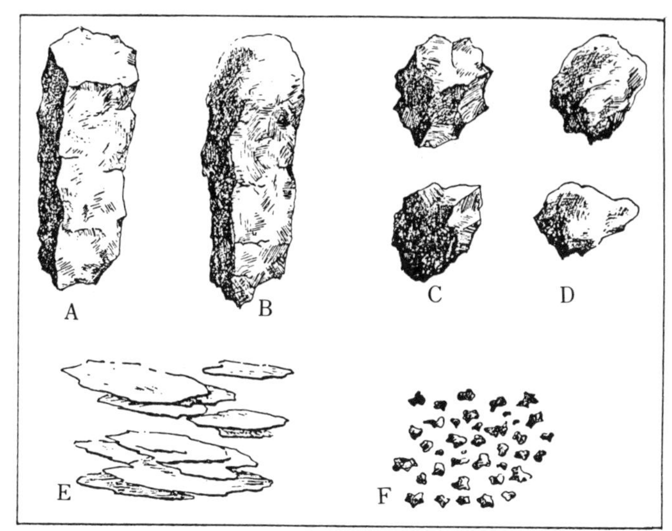

A：角柱状　　B：円柱状　　C：角塊状
D：亜角塊状　　E：板状　　F：粒状

図 4－2　土壌構造の形状（Soil Survey Staff, 1951）

4.9.4　文章記載例

報告書などでは，「**中度の小粒状構造**」や「**強度の大角塊状構造**」のように記載する。一つの土層内に二つ以上の土壌構造が形成されている場合は，主たる構造と副次的な構造を区別して記載する。

4.10　コンシステンス

コンシステンス（consistence）の判定は，一般に**粘着性**（stickness），**可塑性**（plasticity），**ち密度**（compactness），乾，湿状態の**堅さおよび砕易性**（破砕の難度）などを調べる。野外で試坑を掘る際にスコップに伝わってくる土壌の硬軟や付着

性，重さ，土塊の崩れ方などもコンシステンス判定の参考となるので記載しておく。

4.10.1　粘着性

粘着性は，土壌を親指と人差し指の間で圧して引き離すときの付着する程度で区分する。粘着性は水分状態によって変化し，もっとも高まったときの状態によって次のように区分する。

表4-26　粘着性の区分

区　分	記号	基　準
なし Non-sticky	NST	土壌がほとんど指に付着しない。
弱 Slightly sticky	SST	土壌が一方の指に付着するが，他方の指には付着しない。指を離したときに土壌はのびない。
中 Sticky	ST	両指頭に付着する。指を離したときに土壌が多少糸状にのびる傾向を示す。
強 Very sticky	VST	両指頭に強く付着する。指を離したときに土壌が糸状にのびる。

（FAO, 2006）

4.10.2　可塑性

可塑性とは，力を加えていくと変形し，力を除いたときにその変形を保持する性質をいう。可塑性の強弱は，土壌に十分な湿りを与え，親指と人差し指の間でこねて粒団を壊し，こねている間に水分が蒸発して土が指に付着しなくなったときに棒状にこねのばし，その状態によって次のように区分する。

表4-27 可塑性の区分

区　分	記号	基　準
なし Non-plastic	NP	まったく棒状に延ばせない。
弱 Slightly plastic	SP	辛うじて棒状になるが，すぐに切れてしまう。
中 Plastic	P	直径2mm程度の棒状に延ばせて，こね直すのに力を要しない。
強 Very plastic	VP	直径1mm程度の棒状に延ばせて，こね直すのにやや力を要する。
極強 Extremely plastic	EP	長さ1cm以上のきわめて細い糸状に延ばせて，こね直すのにかなり力を要する。

（農林水産省農産園芸局農産課編，1979）

4.10.3　ち密度

ち密度の判定には，硬度計による方法と親指の貫入程度による方法とがある。親指の貫入程度による方法は森林土壌の調査で用いられることが多く**堅密度**（hardness）とよばれる。

4.10.3.1　硬度計による方法

硬度計による方法では，主にハンディータイプの土壌硬度計を用いて，その計測値によって次のように区分する。

表4-28 土壌硬度の区分（硬度計と親指貫入法）

区 分	記号	基 準	
		硬度計	親指貫入
極疎 Very loose	VL	≦ 10 mm	ほとんど抵抗なく指が貫入する。
疎 Loose	L	11 ～ 18 mm	やや抵抗はあるが貫入する（11 ～ 15 mm）。またはかなりの抵抗はあるが第一関節以上は貫入する（15 ～ 18 mm）。
中 Medium	M	19 ～ 24 mm	第一関節まで貫入する（19 ～ 20 mm）。またはかなり抵抗があり，貫入せずへこむ程度（20 ～ 24 mm）。
密 Compact	C	25 ～ 28 mm	指あとはつくが貫入しない。
極密 Very compact	VC	≧ 29 mm	指あともつかない。

硬度計による計測方法は，平滑に整えた土壌断面に対して直角に硬度計を押しあてて，その円錐部のつばが土壌断面に密着するまでゆっくりと押し込み，その貫入の深さを mm 単位で読みとるようにする。この操作を同一層位で場所を変えて数回行い，平均値として記載する。

4. 10. 3. 2 親指の貫入による方法

親指の貫入程度による方法では，土壌断面を親指で押したときのへこみの程度から次のように区分する。

表 4-29　森林土壌における土壌硬度の区分

区　分	記号	基　準
すこぶるしょう Very loose	VL	ほとんど抵抗なく指が貫入する。
しょう Loose	L	指が土層内にたやすく深く入る。
軟 Soft	S	はっきりと深い指のあとが容易にできる。
堅 Hard	H	強く押しても指のあとがわずかしか残らない。
すこぶる堅 Very hard	VH	強く押しても指のあとが残らない。
固結 Extremely hard	EH	移植コテによってやっと土壌を削れる。

（森林土壌研究会，1982）

4.10.4　堅さおよび砕易性

4.10.4.1　乾状態の場合

乾状態の堅さおよび砕易性（consistence when dry）は，乾状態にある土塊を親指と人差し指との間または両手でくずし，そのときの壊れ易さによって次のように区分する。

表 4-30 乾状態のコンシステンスの区分

区 分	記号	基 準
疎しょう Very loose	LO	凝集性を示さない。
軟 Soft	SO	土塊はきわめて弱い粘着性ともろさを持つ。きわめて弱い力で粉末状や単粒状に壊れる。
わずかに堅い Slightly hard	SHA	力に対してわずかに抵抗があるが，指間で簡単に壊れる。
堅い Hard	HA	力に対して中位の抵抗がある。両手では簡単に壊せるが，指間ではやっと壊せる状態である。
すこぶる堅い Very hard	VHA	力に対してきわめて抵抗がある。両手でも壊すことが困難な状態で，指間では壊せない。
極端に堅い Extremely hard	EHA	極端に大きな抵抗があり，両手でも壊せない。

（FAO, 2006）

4.10.4.2 湿状態の場合

湿状態の堅さおよび砕易性（consistence when wet）は，野外で湿っている土塊の壊れ易さによって次のように区分する。土塊が乾燥している場合には水で湿らせて試験する。

表4-31　湿状態のコンシステンスの区分

区　分	記号	基　準
疎しょう Loose	LO	凝集性を示さない。
極砕易 Very friable	VFR	土塊はわずかな力で壊れるが，それを再びくっつけられる。
砕易 Friable	FR	土塊は指間で容易に壊れるが，それを再びくっつけられる。
堅硬 Firm	FI	土塊は指間で多少の力で壊れるが明らかな抵抗を感じる。
すこぶる堅硬 Very firm	VFI	土塊を壊すのにかなり強い力が必要であり，指間で壊すのが困難である
極端に堅硬 Extremely firm	EFI	指間で壊すことができず，小片ずつ剥離できる程度である。

(FAO, 2006)

4.10.5　文章記載例

報告書などでは，「**可塑性中，粘着性中，ち密度中（19 mm），乾状態でわずかに固く，湿状態で砕易**」や「**可塑性強，粘着性強，ち密度中（22 mm），乾状態ですこぶる固く，湿状態で堅硬**」のように記載する。

4.11　キュータン

キュータン（cutan）は，ペッドの表面，亀裂や孔隙内にみられる皮膜や光沢のある圧迫面などを意味する用語である。野外でキュータンを調べる場合には，ペッドを割った横断面を10倍程度の倍率のルーペで観察する。

4.11.1 鮮明度

キュータンの鮮明度（contrast）は，次のように3段階に区分する。

表4-32 キュータンの鮮明度の区分

区分	記号	基準
不鮮明 Faint	F	隣接した表面に比べて，色，滑らかさなどの性質の違いが明瞭でない。皮膜を通して内部の細砂粒子がみえる。ラメラ*は2mmより薄い。
鮮明 Distinct	D	隣接した表面に比べて，滑らかさと色が明らかに異なる。皮膜を通してみえる細砂粒子の輪郭は不明瞭。ラメラは2～5mmの厚さである。
非常に鮮明 Prominent	P	隣接の表面に比べて，非常に平滑で，色の違いが対照的である。皮膜を通して内部の細砂粒子はみえない。ラメラは5mmより厚い。

*粘土，有機物や酸化物の集積により形成される薄膜

（FAO，2006）

4.11.2　種　類

キュータンの種類（nature）は，生成過程や構成物質により次のように区分する。

表4-33　キュータンの種類の区分

区　分	記号	基　準
粘土キュータン Clay cutan	CL	粘土が沈着してできた平滑で光沢のある皮膜。構造単位内部と皮膜の境界が明瞭。粘土の機械的移動により生成。
有機物キュータン Organic matter cutan	OR	有機物が沈着してできた暗色の皮膜。平滑で光沢のある外観を示さない。
酸化物キュータン Sesquioxide cutan	SE	鉄やマンガンなどの酸化物が沈着した皮膜。ペッド内部とは色が明瞭に異なり，主成分が酸化鉄の場合は赤く，酸化マンガンの場合は黒い。水田土壌にみられる膜状斑や糸根状斑は酸化物キュータンの一種であるが，それらは斑紋の項に記載する。
ストレスキュータン Stress cutan	ST	乾いていた土壌が湿るときにペッドが互いに押し合ってできる平滑で光沢のある圧迫面をいう。横断面で被覆物の厚さは認められない。砂を含む土壌の場合にはペッドの表面に砂粒子がみられる。ヴァーティソルに特徴的なスリッケンサイド（slickenside）はストレスキュータンの一種で平行な縞と細長いくぼみをもつ平滑面をいう。

4.11.3　量

キュータンの量（abundance）は，孔隙，砕屑物，ペッドなどの表面のうちキュータンによって被覆されている面積の割合

によって次のように区分する。

表 4-34 キュータンの量による区分

区 分		記号	基 準（被覆面積割合）
なし	None	N	0 %
まれにあり	Very few	V	0 ～ 2 %
あり	Few	F	2 ～ 5 %
含む	Common	C	5 ～ 15 %
富む	Many	M	15 ～ 40 %
すこぶる富む	Abundant	A	40 ～ 80 %
支配的	Dominant	D	≧ 80 %

（FAO, 2006）

4.11.4 位置と方向

キュータンの発達している場所を，ペッド面，孔隙，砕屑物，ラメラなどのように記載する。また，ペッド面に対する方向を水平・垂直・斜方向（角度）などのように記載する。

4.11.5 文章記載例

報告書などでは，「**ペッド面の水平方向に非常に鮮明な粘土キュータン富む**」や「**孔隙に不鮮明有機物キュータンあり**」などと記載する。

4.12 孔隙性

孔隙性（porosity）は，土壌体内部にある空間の総称で，**孔隙**（pore：ペッド内部に存在する空間）と**亀裂**（crack：ペッド相互間に生じた空間）に大別される。野外調査では，土塊を割った面において肉眼で観察されるものについて記載する。また，孔隙や亀裂の生成要因が，植物根や土壌動物の巣穴，ガスの発生などと特定できる場合は記載する。

4.12.1　大きさ

孔隙の大きさ（size）は，短径により次のように区分する。

表 4-35　孔隙の大きさの区分

区　分		記号	基準（孔隙の短径）
細	Very fine	V	0.1 ～ 0.5 mm
小	Fine	F	0.5 ～ 2　mm
中	Medium	M	2 ～ 5　mm
粗	Coarse	C	≧ 5　mm

また，亀裂の大きさは，幅により次のように区分する。

表 4-36　亀裂の大きさの区分

区　分		記号	基準（亀裂の幅）
狭小	Fine	F	< 1　mm
中幅	Medium	M	1 ～ 2　mm
幅広	Wide	W	2 ～ 5　mm
極幅広	Very wide	V	≧ 5　mm

4.12.2　形　状

孔隙の形状（type）は，次のように区分する。

表4-37　孔隙の形状の区分

区　分		記号	基準
小泡状	Vesicular	VE	ほぼ球形またはだ円形で，不連続のもの。
管状	Tubular	TU	動物の活動や植物根に由来する細長い管状のもの。
割れ目状	Interstitial	IN	不規則な形状のもの。
面状	Planar	PL	構造面や亀裂面にできる平面上の空隙。亀裂はこれに含めない。

4.12.3　量

孔隙の量（abundance）は，100 cm^2 当たりの孔隙数によって孔隙の大きさごとに次のように区分する。また，亀裂の量は，亀裂間の距離または幅1 m当たりの亀裂の数によって記載する。

表4-38　孔隙の量の区分

区　分		記号	基準（100 cm^2当たりの数）	
			細・小孔隙	中・大孔隙
なし	None	N	0個	0個
まれにあり	Very few	V	1～20個	1～2個
あり	Few	F	20～50個	2～5個
含む	Common	C	50～200個	5～20個
富む	Many	M	≧200個	≧20個

（FAO，2006）

4.12.4　連続性

孔隙相互の連続性（continuity）は，次のように区分する。

表4-39　孔隙相互の連続性の区分

区　分		記号	基　準
連続	Continuous	C	個々の孔隙が層位内でつながっている。
不連続	Discontinuous	TU	個々の孔隙が層位内で局在している。

4.12.5　方向性と分布位置

管状孔隙や亀裂は，その伸長方向（orientation）によって垂直（vertical），水平（horizontal），斜（oblique），方向性なし（random）に区分する。また，孔隙の発達する位置（distribution）についても，ペッド内（inped）かペッド間（exped）か記す。

4.12.6　文章記載例

報告書などでは，大きさ，形状，量に注目して「**小管状孔隙富む**」のように記載する。またとくに，孔隙の性質を表現する場合には「**ペッド内に垂直方向の不連続管状細孔隙富む**」のように記載する。

4.13　生物の影響

植物や動物，微生物などの生物も土壌の生成や性質に影響を及ぼす要因の一つである。野外調査では，肉眼もしくはルーペで観察できるものについて記載する。

4.13.1　植物根

層位ごとに分布する根（root）を，太さごとにそれぞれ分布量を記載する。枯死根や腐朽根についても，それらとは別に調査記載する。

4.13.1.1　太　さ

根の太さ（size）は，直径により次のように区分する。

表4-40　根の太さの区分

区　分		記号	基準（直径）
細	Very fine	VF	< 0.5 mm
小	Fine	F	0.5 ～　2 mm
中	Medium	M	2 ～　5 mm
大	Coarse	C	≧ 5 mm

（FAO，2006）

4.13.1.2　量

根の量（abundance）は，100 cm^2 当たりの根数により，次のように区分する。

表4-41　根の量の区分

区　分		記号	基準（100 cm^2あたりの根数）	
			細根・小根	中根・大根
なし	None	N	0	0
まれにあり	Very few	V	1 ～ 20	1 ～ 2
あり	Few	F	20 ～ 50	2 ～ 5
含む	Common	C	50 ～ 200	5 ～ 20
富む	Many	M	≧ 200	≧ 20

（FAO, 2006）

4.13.1.3　文章記載例

報告書などでは,「**細根富む**」,「**中根あり**」のように記載する。

4.13.2　菌糸束および菌糸層

土壌中には，細菌や放線菌，らん藻，変形菌，糸状菌，きのこ，地衣類などが生息しており，落葉落枝などの有機物の分解者として重要な働きをしている。しかし，微生物は肉眼での観察が困難であるので，通常の土壌調査では**菌糸束**（hypha cord）や**菌根**（mycorrhiza）について色や形状，分布状態についてのみ記載する。菌糸束が層状に広がった**菌糸層**（hypha layer）は，水をはじく性質が非常に強く，土壌の乾性化の要因となるので，菌糸層の発達は土壌の乾性化の指標として重要である。

4.13.3　土壌動物

土壌動物（soil animal）は，落葉落枝の細片化や分解，土壌の攪拌などによって土壌の物理性や化学性に大きな影響を及ぼしている。土壌動物は，大きさや調査法の違いなどに基づいて一般に表4-42のように区分する。

表 4-42　土壌動物の区分

区　分	体　長	調査法，種類など
哺乳動物		わななど。ネズミ，モグラなど。
大型土壌動物	≧ 2 mm	方形わく法，拾い取り法など。ミミズ，クモ，ヤスデ，ムカデ，甲虫など。
土壌小型節足動物	0.2 ～ 2 mm	ツルグレン装置。トビムシ，ダニ。
土壌小型湿性動物	0.2 ～ 2 mm	ベールマン法，オコーナー法など。ヒメミミズ，ソコミジンコ，クマムシ，線虫など。
微小土壌動物	＜ 0.2 mm	顕微鏡。原生動物，ワムシなど。

現地では，肉眼やルーペで観察できる比較的大きい土壌動物の生息状況を記載する。

4.13.4　生物的特徴

生物の活動によってもたらされた土壌中の形態的特徴（biological feature）は，その種類と量によって区分する。

4.13.4.1　種　類

生物的特徴の種類（kind）は，次のように区分する。

表4-43　生物的特徴の区分

区　分	記号
先史時代の遺物 Artefacts	A
ウサギ，モグラなどの穴 Burrows (unspecified)	B
充填されていない穴 Open large burrows	BO
充填されている穴 Infilled large burrows	BI
炭 Charcoal	C
ミミズの穴 Earthworm channels	E
土壌で充填された細管 Pedotubules	P
シロアリ，アリの巣穴 Termite or ant channels and nests	T
その他の昆虫の活動 Other insect activity	I

(FAO, 2006)

4.13.4.2　量

生物的特徴の量 (abundance) は，次のように区分する。

表4-44 生物的特徴の頻度の区分

区 分		記号
なし	None	N
あり	Few	F
含む	Common	C
富む	Many	M

(FAO, 2006)

4.13.4.3 文章記載例

報告書等では,「**ミミズの穴富む**」のように記載する。

4.14 水分状況

水分状況(moisture condition)は,調査前の降雨状況にも影響を受けるので,調査日や調査前の天候についての記載を忘れないようにする。

4.14.1 乾 湿

野外での土壌の**乾湿**(wetness)は,小土塊を手で握った時の感触により次のように区分する。

表4-45　土壌の乾湿の区分

区　分	記号	基　準
乾 Dry	D	土塊を強く握っても手のひらにまったく湿り気が残らない。
半乾 Moderately dry	MD	湿った色をしているが，土塊を強く握った時に，湿り気をあまり感じない。
半湿 Moderately moist	MM	土塊を強く握ると手のひらに湿り気が残る。
湿 Moist	M	土塊を強く握ると手のひらがぬれるが水滴は落ちない。親指と人差し指で強く押すと水がにじみ出る。
多湿 Wet	W	土塊を強く握ると水滴が落ちる。
過湿 Very wet	VW	土塊を手のひらにのせると自然に水滴が落ちる。

報告書などでは，「**湿**」や「**半乾**」のように記載する。

4.14.2　地下水面

地下水面（groundwater level）は湧水の上昇がほぼ停止した位置までの深さを測り，断面スケッチの相当する深さのところに $\frac{\triangledown}{68\,\mathrm{cm}}$ のように記載する。数字は水面までの深さを表す。一般に湧水があるときには，できるだけ速やかに断面の下部から調査とサンプリングを行い，調査終了時に水面の深さを測定する。

水面が一時的な停滞水位であるか，安定した地下水位であるか，また伏流水であるかの判定は困難であるが，聞き取り調査や資料などで確認できる場合はそれを記載する。通常は，斑紋の形成されている灰色の層の上端が地下水の毛管帯の上限であり，グライ層は常に水でほぼ飽和されている層とみなされる。

4.15 反応試験

ここでは還元状態や活性アルミニウムなどの判定のために土壌断面調査時に行う試験について説明する。ここで用いる試薬の調製方法は1.4.4項（調査用試薬類）に示してある。

4.15.1 二価鉄イオン

α，α'ジピリジルが**二価鉄イオン**（ferrous ion）と反応して赤色の錯体を形成することを利用して，還元状態の判定を行う。試薬を新鮮な断面に吹きつけるか土塊に滴下すると，二価鉄イオンが多量に存在する場合には直ちに呈色する。呈色の程度から還元状態を次のように区分する。

表4-46　α，α'ジピリジルによる二価鉄イオン量の判定

区分・記号	基　準
−	しばらく放置しても呈色しない。
±	しばらくたつと弱く呈色。
+	即時呈色するがその程度は弱い
++	即時鮮明に呈色。
+++	即時非常に鮮明に呈色。

報告書などでは,「**ジピリジル反応＋＋**」のように記載する。

反応が「＋＋」または「＋＋＋」で，反応する部分が面積割合で60％以上を占めるなら**グライ層（G層）**とする。60％未満なら**グライ斑**とし斑紋の項に記録する。水田作土の反応は，灌漑期間中は即時鮮明であるが，落水後は空気に触れた部分から酸化され，グライ斑の状態を経て，徐々に消失する。灌漑により生成した作土や作土直下の層のグライ層が，次の灌漑期まで消失せずに維持されたものは「**逆グライ層**」と呼ばれる。

ジピリジル反応が生じる可能性がある層位の特徴は，①土色

がふつう青灰色（色相が10Yかそれよりも青いことが多いが黒ボク土の影響を受けた土壌では5Yや7.5Yのこともある）である，②軟弱で指を簡単に断面にさし込める，③地下水の湧水がある，などである。二価鉄イオンは，空気にふれると速やかに酸化が進むので，ジピリジル反応は新しく露出した断面や手で割った直後の土塊で行う必要がある。また，スコップやコテと強く擦れ合って削られた断面や検土杖で採取された土壌の検土杖と接している面は，それらに由来する鉄のために赤く呈色することがあるので，これらの影響のない面で試験することが重要である。

4.15.2　マンガン酸化物

テトラメチルジアミノジフェニルメタン（テトラベース：TDDM）が**マンガン酸化物**（manganese oxide）と反応して紫黒色を呈することを利用して，マンガンの酸化沈積物の判定に用いる。黒色の斑紋がマンガン酸化物か腐朽有機物など他のものかがまぎらわしい時や，微量のために肉眼判定が困難な時などに有効な方法である。黒色の斑紋は色の変化が見にくいが，試薬を多めに加えてやると斑紋の下方が藍色に染まるので見分けがつく。

マンガン酸化物の斑紋は，グライ層を除く湿性の土層に多い。斑紋の形態としては点状が多いが，孔隙に沿った糸根状のものも珍しくない。また割れ目に沿って膜状に析出することもある。

4.15.3　活性アルミニウム

活性アルミニウム（active aluminum）が，フッ化ナトリウムと反応してOH基を放出するために起こるpHの上昇を利用して，活性アルミニウムの多少を判定する。

$$> Al\text{-}OH + NaF \rightarrow\ > Al\text{-}F + Na^{+} + OH^{-}$$

少量の土壌をフェノールフタレイン紙に指先で強くこすりつけ，紙を軽くはたいて余分の土を払ったのち，NaF 試薬を滴下する。多量の活性なアルミニウムがある時は，pH が上昇してフェノールフタレイン紙が赤変する。1 分以内に鮮明な赤色を示す場合，黒ボク特徴（リン酸吸収係数 15.00 mgP_2O_5/g 以上）に該当すると考えられる。また，ほとんど発色しない，または発色しても時間がかかる（5 分以上）場合（－または±）には，「黒ボク特徴」を持たないと判断できる。なお，層の 60 %（重量）以上が火山放出物（火山灰，火山礫，軽石，スコリア，火砕流堆積物などの火山砕屑物）からなる場合，活性アルミニウムテストの反応によって 1 分以内に鮮明な赤色を示す場合は「黒ボク特徴」，それ以外は「未熟黒ボク特徴」または「火山放出物」からなる層に分けられる。呈色の程度は，ジピリジル反応の場合に準じて定性的に判定する。

黒ボク土のほとんどがこのテストで赤変を示す。そのほかポドゾルの B 層が赤変を示す場合がある。このテストは，従来アロフェンテストと呼ばれていたが，アロフェンだけでなくイモゴライトや遊離のアルミニウム，腐植と結合したアルミニウムが存在する場合も赤変を示す。

報告書などでは，「**活性アルミニウム＋＋**」のように記載する。

4. 15. 4　炭酸塩

炭酸カルシウムや菱鉄鉱（炭酸第一鉄）などが希酸と反応して炭酸ガスを放ち発泡することを利用して**炭酸塩**（carbonate）含量の判定を行う。通常は，10%塩酸溶液を用いるが，10%酢酸溶液である α，α'ジピリジル試薬と TDDM 試薬を用いる

こともできる。炭酸塩含量は反応性によって次のように区分する。

表 4-47　炭酸塩含量の区分

区　分	%	記号	基準（希酸との反応）
非石灰質 Non-calcareous	0	N	音によっても発泡が認められない。
弱石灰質 Slightly calcareous	0 ～ 2	SL	音によってのみ発泡が認められる。
中石灰質 Moderately calcareous	2 ～ 10	MO	発泡が認められる。
強石灰質 Strongly calcareous	10 ～ 25	ST	激しく発泡し，泡が薄い層を形成する。
極強石灰質 Extremely calcareous	≧ 25	EX	泡が厚い層を形成する。

（FAO，2006）

炭酸第一鉄は，低湿地に灰白色の斑点または結核として出現する。炭酸カルシウムは，わが国では石灰岩土壌中に石灰岩の破片として，また干拓地土壌中に貝殻片として出現するほかは普通土壌中に存在しない。しかし，世界の亜湿潤～乾燥気候下では，炭酸カルシウムの二次析出物は普通に認められる。また斑紋・結核としてだけでなく，土層全体に拡散して分布していることも多い。

報告書などでは，「**強石灰質**」のように記載する。

4. 15. 5　簡易土壌検定

pH，EC，リン酸，カルシウム，マグネシウム，鉄含量などを野外で半定量的に測定できる簡易土壌検定器が市販されている。中和石灰量や養分の豊否，老朽化の有無など，主として施肥や土壌改良の指針を得ることを目的として行われる。

4.16 人工物質

都市や鉱山周辺の土壌中には，**人工物質**（artefacts）が含まれることが多い。たとえば，家庭ゴミ，ビニール，プラスチック，金属，陶器などの一般廃棄物，工業活動に由来する鉱山廃棄物や鉱滓，家屋・ビル・道路などを壊した瓦礫・廃材・アスファルト･ガラスなどの産業廃棄物など，それらの年代，含量，状態や成分は，人間活動や環境への影響の程度を示す指標となりうる。人工物質の調査においては，種類，含量，大きさ，硬さ，風化の程度，色を記載する。

4.16.1 種　類

人工物質の種類（kind）は，次のように区分する。

表4-48　人工物質の区分

区　分	記号
先史時代の遺物 Artesanal natural material	AN
工業粉塵 Industrial dust	ID
混合物 Mixed material	MM
有機廃棄物 Organic garbage	OG
舗装や敷石 Pavements and paving stones	PS
合成物（液体） Synthetic liquid	SL
合成物（固体） Synthetic solid	SS
廃液 Waste liquid	WL

（FAO，2006）

4.16.2　含　量

人工物質の含量（abundance）は，石礫の含量と同様，人工遺物の占める面積割合によって区分する（4.8.5 参照）。

4.16.3　大きさ

人工物質の大きさ（size）は，長径により石礫の大きさと同様に区分する（4.8.3 参照）。

4.16.4　硬　さ

人工物質の硬さ（hardness）は，結核の硬さと同様に区分する（4.4.6 参照）。

4.16.5　風化の程度

人工物質の風化程度（state of weathering）は，石礫の風化程度と同様に区分する（4.8.2 参照）。

4.16.6　色

人工物質の色（color）は，斑紋・結核の色と同様に区分する（4.4.3 参照）。

4.16.7　文章記載例

報告書などでは，「**大中風化敷石富む**」や「**有機廃棄物すこぶる富む**」のように記載する。

参考文献

FAO (2006): Guidelines for Soil Description, Fourth Edition, FAO, Rome

Soil Science Division Staff (2017): Soil Survey Manual, USDA Handbook No. 18, U. S. Government Printing Office, Washington, DC

農林水産省農産園芸局農産課編（1979）：土壌環境基礎調査における土壌，水質および作物体分析法（附現地調査法）

森林土壌研究会編（1982）：森林土壌の調べ方とその性質，林野土壌弘済会

林試土じょう部(1976)：林野土壌の分類(1975)，林試研報，第 280 号，1 -28

小原 洋・大倉利明・高田裕介・神山和則・前島勇治・浜崎忠雄（2011）：包括的土壌分類－第 1 次試案，農環研報，第 29 号，1 -73

日本ペドロジー学会第四次土壌分類・命名委員会（2003）：日本の統一的土壌分類体系―第二次案（2002）―．博友社，p. 1 -90，東京

日本ペドロジー学会第五次土壌分類・命名委員会（2017）：日本土壌分類体系，p. 53，日本ペドロジー学会

5．土壌層位の命名

土壌断面は色・かたさ・手ざわり・根の分布などの性質のちがった，地表面にほぼ平行ないくつかの層の積み重なりからなっている。これらの層のうち，土壌生成作用によって形成されたものを**土壌層位**（soil horizon）または単に**層位**（horizon）とよび，これに対して，氾濫堆積物層や軽石層のような地質学的堆積作用によるものを**層理**（layer）とよんで区別する。また，森林土壌などにみられる地表に堆積した動植物遺体からなる層は，**堆積有機質層**（organic horizon）とよばれ，土壌層位に含められる。**層序**すなわち**層位の配列**（horizon sequence）は，土壌断面を特徴づけるもっとも基本的な性質なので，野外で十分に観察して記載することが大切である。国際的に統一された土壌層位の表記法は未確立であるが，以下に示す層位記号は，現在国際的にもっともよく使われているFAO（2006）やSSDS-USDA（2017）の方式を組み合わせたものに，日本のとくに水田土壌を表記するために欠かせない若干の記号を追加したものである。

5.1　主層位

主層位（master horizon）の表示にはアルファベットの大文字を用いる。一般に，土壌断面は上から順にA層，B層，C層といった3つの主層位から成り立っている。C層は土壌の無機質材料（母材）であり，A層は母材に動植物の影響が加わった結果生成した，腐植によって黒く着色された表土層であり，

B 層は C 層とも A 層とも異なった性質をもつ部分である。このほか主層位には，O 層（水で飽和されていない有機質層），H 層（水で飽和された有機質層），E 層（淡色溶脱層），R 層（固い基岩），G 層（C 層の中の強還元層）がある。通常，主層位の表示は 1 つの記号を用いるが，漸移層位では 2 つの主層位記号を続けて，AB 層のように表示する（5.2 参照）。

H：水面下で，未分解または分解した植物遺体の集積により形成された有機質層。ほとんど常に水で飽和されているか，かつて飽和されていたが今は人為的に排水されている。泥炭あるいは黒泥とも呼ばれる。

O：泥炭，黒泥以外の地表に堆積した落葉，落枝などの未分解または分解した植物遺体からなる有機質層。無機物の割合は体積の半分以下である。水で飽和されることはほとんどない。

A：表層または O 層の下に生成した無機質層。起源の岩石や堆積物の組織を失い，かつ次の 1 つ以上の特徴をもつもの。

1） 無機質材料とよく混ざりあった腐植化した有機物が集積し，かつ E または B 層の特徴をもたない。

2） 耕耘，放牧，または同様の撹乱の結果生じた特徴。

3） ヴァーティソルなどに見られる表層撹乱作用の結果生じた下位の B または C 層と異なる特徴。

E：珪酸塩粘土，鉄，アルミニウムの溶脱によって，砂とシルトが残留富化した淡色の無機質層。ふつう O 層と B 層あるいは A 層と B 層の間にある。

B：A，E，O または H 層の下に形成された無機質層。起源の岩石または堆積物の組織を失い，かつ次の 1 つ以上の特徴をもつもの。

1）　A, E 層から溶脱した珪酸塩粘土，鉄，アルミニウム，腐植，炭酸塩，石こう，珪酸の集積富化。

2）　炭酸塩が溶脱した証拠。

3）　鉄やアルミニウムなどの酸化物の残留富化。

4）　土粒子を鉄やアルミニウムなどの酸化物が被覆していて，上および下の層位より明度が著しく低いか，彩度が高いか，または色相が赤い。

5）　珪酸塩粘土，遊離酸化物の生成と粒状，塊状，柱状構造の発達。

C：土壌の母材となる岩石の物理的風化層または非固結堆積物層。ほかの主層位の特徴を持たない。上位の層位から溶脱したものの集積でなければ，珪酸，炭酸塩，石こう，鉄酸化物などの集積層は C 層になる。

G：強還元状態を示し，ジピリジル反応が即時鮮明なグライ層。干拓地のヘドロのように，ジピリジル反応は弱くても，水でほぼ飽和され，土塊を握りしめたとき土が指の間から容易にはみ出すほど軟らかく，色相が 10 YR よりも青灰色の層も含む。これは日本独自の主層位で，日本の土壌分類ではこの層の識別が不可欠である。G 層は FAO（2006）の方式では Cr 層にほぼ相当する。斑鉄を持つ酸化的グライ層は Go，斑鉄を持たない強還元的グライ層は Gr で示す。

R：土壌の下の固い基岩（母岩）。岩の塊を水中に 24 時間浸してもゆるまず，固くてスコップで掘ることはできない。亀裂をともなうことがあるが非常にまれで，根はほとんど入ることができない。

5.2 漸移層位

漸移層位（transitional horizon）には2種類ある。2つの異なる主層位の性質を合わせ持つ層位は，優勢な主層位を前におき，AB, EB, BE, BCのように2つの記号を続けて表示する。また，2つの異なる主層位の性質を持つ部分が混在している層は，優勢な主層位を前におき，E/B，B/E，B/C，C/Rのように斜線によって分離して表示する。

5.3 主層位内の付随的特徴

主層位内の付随的特徴は，主層位記号のあとにそれぞれの特徴を表す小文字の**添字**（suffix）をつけて表示する。なお，各添字については，WRBなどとは，それぞれ異なった定義となっているため注意する。

a：よく分解した有機質物質。植物組織は識別できない。H層とO層にのみ使用。（例：Ha，Oa）

b：埋没生成層位。埋没した土壌生成的層位。この記号は有機質土壌には用いない。（例；Ab，Btb）

c：結核またはノジュールの集積。ふつう構成成分を表す添字を併記する。（例：Bck，Ccs）

d：根の伸長に対する物理的阻害（根を通さない耕盤など）。m（固結または硬化）やx（フラジパン）と組み合わせて使用しない。

e：分解が中程度の有機質物質。植物組織は確認できる。H層とO層にのみ使用。（例：He，Oe）

f：凍土。年間を通じて凍結または氷点下にある層。

g：グライ化。季節的停滞水による酸化・還元の反復により

三二酸化物の斑紋を生じた層。（例：Bg，Cg）

h：有機物の集積。無機質層位における有機物の集積を表す。（例：Ah，Bhs）

i：①ほとんど未分解の有機質物質。植物組織がほぼ残る。H 層と O 層にのみ使用。（例：Hi，Oi）
②スリッケンサイドの存在。無機質土層に用いる。

j：ジャロサイト斑紋の出現。

k：炭酸塩の集積。ふつうは炭酸カルシウムの集積を表す。（例：Bk，Ck）

m：固結または硬化。ふつう膠結物質を表す添字を併記する。（例：Ckm，Cqm，Ckqm）

n：ナトリウムの集積。交換性ナトリウムの集積を表す。（例：Btn）

o：三二酸化物の残留集積。

p：耕耘などの撹乱。耕起作業による表層の撹乱を表す。（例：Ap，Hp）

q：珪酸の集積。二次的珪酸の集積を表す。（例：Bq，Cqm）

r：強還元。地下水または停滞水による連続的飽和の下で，強還元状態が生成または保持されていることを示す。

s：三二酸化物の移動集積。有機物－三二酸化物複合体の移動集積を表す。（例：Bs，Bhs）

t：珪酸塩粘土の集積。（例：Bt）

u：人工物質。（例：Hu，Ou，Au，Eu，Bu，Cu）

v：プリンサイトの出現。湿状態で硬く，空気にさらされると不可逆的に固結する鉄に富み腐植に乏しい物質（プリンサイト）の存在を表す。

w：色または構造の発達。B 層にのみ使用。漸移層位には使

用しない。(例：Bw)

x：フラジパンの形質。(例：Btx)

y：石膏の集積。(例：Cy)

z：石膏より溶けやすい塩の集積。(例：Az，Ahz)

@：クリオタベーション（凍結攪乱作用）の証拠。

ir：斑鉄の集積[注11]。(例：Bgir，Bgirmn，Cgir)

mn：マンガン斑・結核の集積[注11]。(例：Bgmn，Cgmn)

5.4 添字の使用法

主層位が複数の添字をともなうときは，次のような約束によって表示する。

1） a, d, e, h, i, r, s, t, u, w は，最初に書く。とくに，t は最初に書く（例：Btr，Btu)。これらの添字を組み合わせて用いる場合，アルファベット順に並べる（例：Bhs，Cru)。

2） c, f, g, m, v, x, ir, mn は，最後に書く。ただし，埋没生成層位を表す添字 b は，これらのあとに書く。

3） @は，最後に書く。b と組み合わせて用いない。

5.5 層位の細分

同じ記号で表された層位の細分は，すべての記号のあとにアラビア数字を付けて区分する（例：C1-C2-Cg1-Cg2；Bs1-Bs2-2Bs3-2Bs4)。A，E 層も同じように細分できる（例：Ap，A1，A2，Ap1，Ap2；E1，E2，Eg1，Eg2)。

注 11） 日本独自の記号。水田土壌の生成過程を理解するのに欠かせない。常に添字記号 g に続けて用いる。

5.6　母材の不連続

無機質土壌において，断面中に**母材の不連続**（discontinuity）がある場合は，層位記号の前に，上部から順にアラビア数字を付けて，Ap-Bt1-2Bt2-2Bt3-2C1-2C2-2R のように表記する。ただし，1は省略する。不連続というのは，その層を形成した材料または年代の違いを反映して，粒径組成や鉱物組成に著しい変化があることを意味する。河成堆積物中にふつうにある層理は，粒径組成が著しく違わなければ不連続と見なさない。

有機質土壌の層の重なりは，不連続とはしない。有機質土壌の構成層が，有機質であればほとんどの場合添字記号で，無機質ならば主層位記号で区分する。

5.7　ダッシュの使用

1つの断面が，まったく同じ記号の層を複数持ち，それが別の層で隔てられているとき，下位の主層位記号のあとにダッシュ「'」を付けて区分する（例：A-E-Bt-E'-Btx-C；Oi-C-O'i-C'）。

参考文献

FAO (2006): Guidelines for Soil Description, Fourth Edition, FAO, Rome.

Soil Science Division Staff (2017): Soil Survey Manual, USDA Handbook No. 18, U. S. Government Printing Office, Washington, DC.

6．　試料の採取と調製

土壌調査では，野外調査とともに試料を持ち帰り，実験室内で物理化学的な測定や観察が行われる。試料は土壌だけでなく，必要に応じて土壌母材，動植物，土壌水，土壌ガスなどを採取する。なお，試料採取方法，測定・実験方法などの参考文献を章末にまとめたので，詳しくは各文献を参照していただきたい。

6.1　土壌試料

土壌試料の採取・調製方法は，研究目的によって異なる。土壌分類名や土壌生成過程，土壌の基本的な性質を知るための調査では，代表地点の土壌層位の示す特徴と層序に重点が置かれるため，各層位から試料を採取する。一方，ある区域における平均的な養分量や，重金属の分布などを調べる場合には，その区域内の表層ないしは次表層を，ランダムまたは系統的に多数採取する。また，土壌微生物調査用の試料を採取する場合は，採取・調製にわたって適宜使用器具の滅菌や保存温度管理を行う必要がある。

ここでは，まず土壌断面から目的に応じて試料を採取する具体的手法を 6.1.1 から 6.1.3 で示し，6.1.4 で対象とする区域から土壌診断を目的として土壌試料を採取する方法を紹介し，6.1.5 では土壌微生物調査用試料の採取について述べる。

6.1.1　理化学分析用の試料

1）採取方法

土壌層位別に試料を採取する際にもっとも重要なことは，①採取中に目的とする層位以外の土壌試料の混入を防ぐこと，②層位の取り間違えを起こさないことである。

試坑断面を層界が見えるようきれいに削り，層界に線を入れ，土壌の混入を防ぐため，最下層から上層へと順次採取していく。この方法は断面から湧水がある場合にも有効である。ただし，崩れやすい層位，O層，薄いA層などは先に採取するとよい。各層から，層界のまわり数cmを除いた中央部，または層位の全体にわたって平均的に，必要量（通常は1～2kg）の試料をポリエチレン袋などに採取する。その際，採取する袋に通し番号や地点名と層位名，採取深度などを記し，試料の取り間違えが起こらないよう注意する。採取に用いる移植ゴテとスコップは，目的層位以外の土壌が混入しないように，付着している土壌をきれいに落としてから次の層位の試料採取を行う。また，土壌試料を層位から取り出す際には，スコップを採取部位の下端にあてがい，その上に試料を移植ゴテで削り落とすと効率がよい。プラスチックトレーなども試料採取の補助として便利である。

2）採取後の扱い

持ち帰った試料は，必要に応じて生土試料と風乾用試料にわける。目的や理化学分析の項目によって土壌試料の調製方法が異なるため，調査の前に把握しておくことが望ましい。

生土試料は乾燥しないように密閉して冷蔵で保存し，なるべく早く測定に供する。風乾用試料はプラスチックトレーなどに広げ，埃などが入らないよう注意して屋内で乾燥させる。十分

に乾燥させ，全量を秤量した後，風化礫をつぶさないように注意して土塊を粉砕し，孔径2mmの円孔篩でふるい，礫や植物残渣を除去する。得られた2mm以下の土壌試料（風乾細土）を分析・測定に供する。篩上に残った礫は水洗後風乾して秤量し，風乾土全量に対する礫含量（重量%）を求める。

6.1.2　物理性分析用の非破壊試料

1）採取方法

不撹乱の土壌試料が必要な物理性測定のためには，100mLの試料円筒（図1－5）を用いて非破壊試料を採取する。森林土壌などのように空隙や石礫が多い場合には，400mL，1000mL，2000mLなどの円筒容器を用いる場合もある。採取位置は各層位の中央部，もしくは層位が厚い場合は上部と下部に分け，同一深度から3個以上採取することが望ましい。

目的層位の中央が試料採取部位になるよう，あらかじめ深度を求めておく。採取深度の上端よりやや浅い位置に水平面を作成し，その上に試料円筒を並べ，採土補助器（図1－5）を用いて垂直に押し込むかハンマーで打ち込む。円筒の上端の余分な土壌をナイフなどで削り，蓋をした後，移植ゴテで円筒を掘り出す。円筒の上端と同様に下端の余分な土壌を削って蓋をする。このとき，①余分な土壌を押し込んで，試料を圧縮しないこと，②飛び出した石礫や植物根を引っ張ったり押し込んだりせずに切断することに注意する。上下の蓋をビニールテープで密閉し，上端がどちらかわかるように印をつけておく。表層から下層へ順次採取する。ただし森林土壌では根が多いために力任せに円筒を押し込むと土壌構造がつぶれてしまうので，一般的には円筒の周囲の根を剪定バサミやナイフで切りながら，円筒を静かに沈めていく方法が行われる。

2）採取後の扱い

円筒試料は，放置すると水分の減少や円筒内壁のさびつきが起こるので，なるべく早く測定に供する。

6.1.3　微細形態観察用の非破壊試料

土壌の微細形態を顕微鏡観察するための非破壊試料の採取には，100 mL の試料円筒，またはクビエナボックスが用いられることが多い。クビエナボックスは，金属製の方形の箱（図6-1）で，コーナーのひとつが図のように取り外しできるようになっている。大きさは通常たて 8 cm，よこ 6 cm，高さ 4 cm のものを用いる。

円筒試料は 6.1.2 の手順にしたがって採取する。このとき，採取面を削り出した際に，ひび割れなどが生じてしまった部位は避ける。

クビエナボックスでの試料採取は，次のように行う。土壌断面をきれいに平らに削り，採取部位を決める。採取部位にボックスを当て，ボックスの外側に沿って，良く切れる包丁などで切れ目をまっすぐに深く入れ，ボックスを差し込む。少しずつ切れ目を深くしながら，ボックスが一杯になるまで差し込み蓋をする。このとき，①土壌構造が壊れるので，無理に押し込まないこと，②土壌断面に差し込みすぎてボックス内の土壌を圧縮しないことに注意する。蓋を押さえながら移植ゴテなどで掘り出し，余分な土壌を削り落として反対側の蓋をし，ビニールテープなどで固定する。箱の上端がどちらかわかるように印をつけておく。風乾もしくは凍結乾燥後，薄片作成に供する。

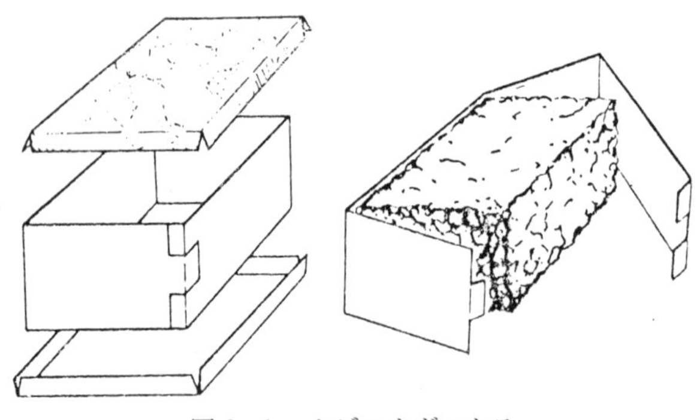

図6－1　クビエナボックス

6.1.4　土壌診断用の試料

一つの田や畑において作土の性質が問題になる際の土壌診断，または，ある区域内の元素濃度などの調査を行う場合には，区域内の表層ないしは次表層の土壌試料を，ランダムまたは系統的に多数採取する。土壌診断の場合には，問題となっている圃場の試料と同時に，健全な圃場の試料も採取して比較検討することが大切である。また，微量元素などの分析試料は，採取・調製の段階で器具などからの汚染がないよう注意する必要がある。

1）採取方法

対象の圃場等の地区内から一定間隔おきに同一量の単位試料（インクリメント）を採取する。単位試料の採取に，100 mL の試料円筒を用いる場合は 6.1.2 の手順にしたがって行うが，円筒試料として保存する必要がない場合は，採取後ビニールテープなどで密閉せず，すぐにポリエチレン袋などに移して持ち帰るほうが簡単である。場合によって，単位試料を混合して大口試料とする（図6－2）。

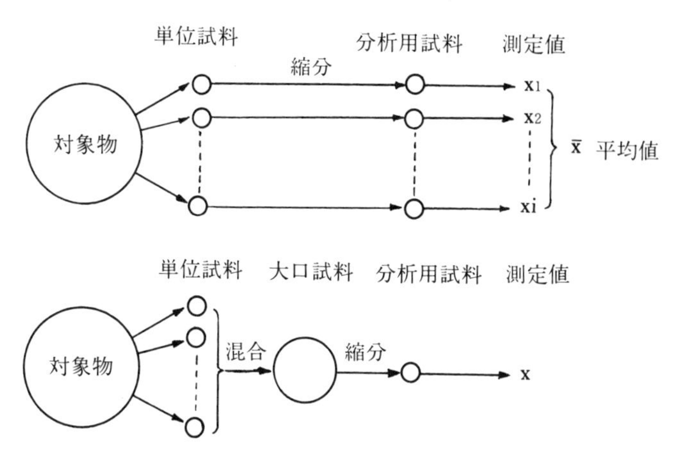

図 6－2　試料の採取・調製方式例

2）採取後の扱い

採取した単位試料または大口試料を縮分して少量の分析試料とする（図 6－2）。縮分の方法には，円錐四分法とインクリメント縮分の 2 通りがある（図 6－3）。縮分にあたっては，土塊をなるべく小さく割って全体をよく混合する。

円錐四分法は，十分混合した試料を円錐形に盛った後，頂上を平らにし，ついで薄い板で 4 等分し，点対称の位置の 4 分の 1 ずつを混合する方法であり，混合量が必要量になるまでこの方法を繰り返す。

インクリメント縮分は，試料を薄く広げたのち，等分の区画（20 区画以上が望ましい）に分けて，各区分のランダムに選ばれた場所から，1 点ずつ同量を取り出して混合する方法である。試料全体を十分混合できないような場合は，インクリメント縮分が適している。

試料は風乾細土（6.1.1 参照）として保存する。

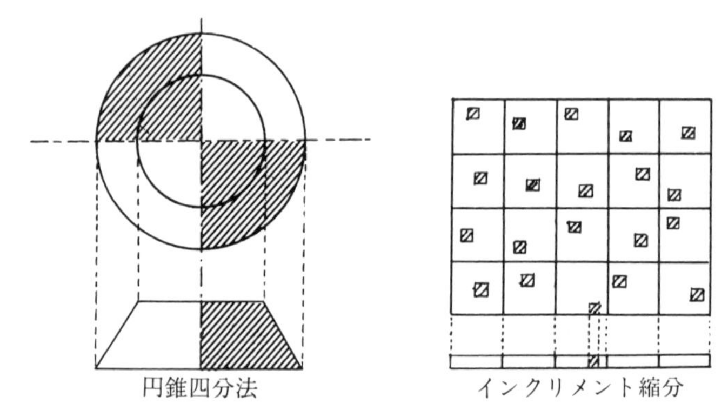

図6-3　縮分方法　　図の斜線部分を混ぜて新試料とする

6.1.5　土壌微生物調査用の試料

微生物調査用試料は，汚染を受けないよう取り扱いにはとくに注意が必要である。取り扱い器具やサンプリング容器は，研究の目的に応じて滅菌処理を適宜行う。また，試料内の微生物相は，試料が置かれた環境条件に対応して変化するため，採取後すみやかに試料調製し実験に供することができるよう，あらかじめ計画を立てることが望ましい。

1）採取方法

単位試料の採取には，100 mL の試料円筒が用いられることが多い。円筒試料の採取は6.1.2の手順にしたがって行う。

湛水下の水田土壌を採取する場合には，直径10～15 cm，長さ20～30 cm程度の円筒を田面に打ち込み，円筒内の田面水を除去した後，試料を採取する。

採取後，必要に応じてクーラーボックスなどで低温を保って持ち帰り，すみやかに試料調製を行う。

2）採取後の扱い

試料は，清浄な風のない部屋またはクリーンベンチ内で孔径2 mm（試料によっては4～6 mm）の篩を通し，礫や植物片を取り除く。水田土壌試料は，大型ビーカーに入れ，ガラス棒で混合して調製する。取り扱いはゴム手袋をはめて行う。調製後の試料は，室温，冷蔵，凍結など試料の保存に適した方法で管理する。いずれの保存方法も土壌や微生物になんらかの影響を与えるので，試料を保存しないですむ実験計画を組むことが望ましい。

6.2 母岩および礫試料

母岩および礫，また火山放出物（テフラやパミスなど）は，鑑定・標本・顕微鏡観察・化学分析用として採取する。

1）採取方法

石礫試料は風化していない新鮮なものを，また岩質の違うものは別々に採取する。採取した石礫は，岩石ハンマーで角をおとし，試料名を表示した紙で包み，丈夫な袋に入れて持ち帰る。大きさは標本用 3 × 6 ×10 cm，薄片用 2 × 3 × 3 cm 大のものがあればよい。

6.3 土壌水試料

野外における土壌水の採取は吸引法やパンライシメータ法などによって行われる（図 6 - 4）。吸引法は導管付きのセラミック製の多孔質管（ポーラスカップ）を土壌中に埋設して，導管に負圧をかけて土壌水を集める方法で，テンションライシメーター法とも呼ばれる。通常は，－20 ～－40 kPa（キロパスカル）で吸引する。パンライシメータ法は，食品トレイのような形状の縁が盛り上がった平たいプレートを土壌に埋設して，土壌中を浸透する重力水を採取する方法である。採水用プレートの一部に排水用の孔があり，そこに管を取り付けて，管を伝わって落ちる土壌水を採取する。採取ビンの蓋には通気孔をあけて，水の流下を妨げないようにしておく必要がある。

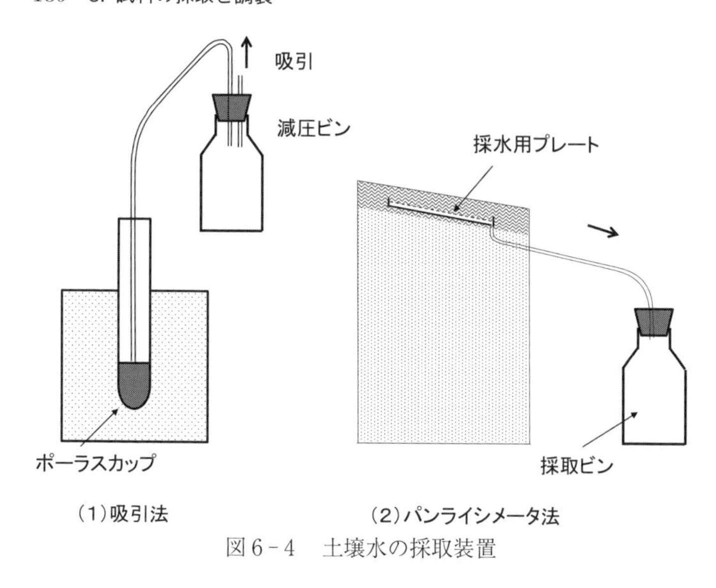

図6-4　土壌水の採取装置

6.4　土壌環境測定（地温・気温）

土壌中の温度（地温）は土壌中の化学反応や生物活動に関係する。地温を測定する深度は研究の目的によって異なるが，包括的土壌分類第1次試案や日本土壌分類体系では，地表下50 cmの土壌温度測定から算出される年平均土壌温度を土壌温度相の区分に用いている。両分類ともSoil Taxonomy（1974）にしたがって，以下の4つの土壌温度相が設けられている。

フリジッド　　（寒）：年平均土壌温度8℃未満
メシック　　　（温）：年平均土壌温度8℃以上，15℃未満
サーミック　　（暖）：年平均土壌温度15℃以上，22℃未満
ハイパーサーミック（暑）：年平均土壌温度22℃以上

様々な温度センサが存在するが，野外では半導体の温度－抵

抗特性を利用した半導体温度センサであるサーミスタが広く使用される。サーミスタは白金測温抵抗体と比較して抵抗変化特性の直線性が悪く測定精度も低いが，小型・廉価で衝撃にも強く，かつ感度が高い利点をもつ。土壌温度を測定する際には温度センサと記録用のデータロガーを組み合わせて使用する。温度センサを地中に埋設し，コードで地上に設置したデータロガーとつなぎ，温度データを記録する。データロガー自体で測定の開始や測定間隔などの設定を行える機種もあるが，データロガーとパソコンなどを接続して行う機種もある。データロガーは雨や日光などの影響を受けないために，プラスチックボックスなどに収納し，地面から離して設置する。森林などでは動物によってコードがかじられないように，コードを塩ビ管やらせん状チューブで保護する必要がある。データの回収はデータロガーの電池がなくなる前に行うが，野外では突発的な出来事がしばしば発生するので，数か月に一度は現地を訪れて正しくデータが記録されているかどうかを確認するとよい。コードが長いと温度センサの埋設した場所が分からなくなるので，埋設位置を示す目印の棒を地面に差しておくとよい。とくに温度センサとデータロガーが一体になった機種を地中に埋設する際には，位置が分かるように目印が必要となる。

地温を測定する際には同時に気温の測定を行うとよい。気温は地上から1m程度の高さで直射日光を避けて測定する。測定法の詳細は気象観測の専門書を参考にする。気温と地温は一般に連動するので，両者の測定結果に対応関係がみられないときは，測定が正しく行われていない可能性が高いので，設置状態を再度確認する。

参考文献

森林立地調査法編集委員会編（2010）：改訂版森林立地調査法，博友社，東京
土壌環境分析法編集委員会編（1997）：土壌環境分析法，博友社
宮崎 毅・西村 拓（2011）：土壌物理実験法，東京大学出版会
日本土壌微生物学会編（2013）：土壌微生物実験法第3版，養賢堂
植物栄養実験法編集委員会編（1990）：植物栄養実験法，博友社
L. P. van Reeuwijk（ed.）（2002）：Procedures for Soil Analysis 6 th edition, International Soil Reference and Information Centre（ISRIC）, Wageningen, the Netherlands
A. Klute（ed.）（1986）：Methods of Soil Analysis Part 1－Physical and Mineralogical Methods, SSSA Book Series 5. Soil Science Society of America, American Society of Agronomy.
D. L. Spark（ed.）（1996）：Methods of Soil Analysis Part 3－Chemical Methods, SSSA Book Series 5. Soil Science Society of America, American Society of Agronomy.
The Alliance of Crop, Soil and Environmental Science Societies（ACSESS）https://dl.sciencesocieties.org/ から無償提供されている。

付・1　土壌断面記載例

付・1-1　十文字峠のポドゾル

[文章記載]

地点番号：YJ-2

土壌名：十文字ポドゾル

土壌分類：

　日本土壌分類体系（2017）：普通ポドゾル

　林野土壌分類（1975）：P_{DI}（乾性ポドゾル）

　包括的土壌分類 第1次試案（2011）：典型普通ポドゾル

　WRB（2006）：Haplic Podzol

　Soil Taxonomy（2010）：Typic Haplohumod

調査日：1985年7月9日　　天気：晴　　調査前の天気：晴

調査者：大羽 裕・永塚鎭男・田村憲司

調査地点：埼玉県秩父郡大滝村十文字峠　国有林

　　　　　北緯35°56′15″，東経138°44′30″

気候：亜高山帯針葉樹林気候，観測地点　十文字峠

月	5	6	7	8	9	10	11
気温℃	4.2	8.7	12.5	13.3	10.6	3.5	0.1

地質・母材：中生界硬砂岩の崩積成堆積物

地形：尾根筋下部の山腹急斜面上部　　標高：2,050 m

傾斜：N30°W，急傾斜（17°）

植生：コメツガ林（高木層：コメツガ，オオシラビソ，トウヒ，低木層：アズマシャクナゲ，コヨウラクツツジ，草本層：ゴゼンタチバナ，マイヅルソウ，バイカオウレン，コミヤマカタバミ，コケ層：イワダレゴケ，フジノマンネンゴケ，ダチョウゴケ，スギゴケ属 sp.）

侵食：シート侵食極微　　排水性：排水良好

地表の露岩：なし　　人為：なし

断面記載

Oi ：+15～+10 cm，極暗赤褐（5 YR 3/3），ち密度極疎（2 mm），大根含む，中小細根富む，湿，層界平坦明瞭。

Oe ：+10～+2 cm，暗赤褐（2.5 YR 3/3），ち密度極疎（2 mm），大根含む，中小細根富む，多湿，層界平坦明瞭。

Oa ：+2～0 cm，黒褐（5 YR 2/1.5），ち密度極疎（4 mm），大根含む，中小細根富む，湿，層界波状明瞭。

E ：0～6 cm，暗褐（5 YR 4/2），L，硬砂岩未風化中小角礫すこぶる富む，単粒状構造，粘着性弱，可塑性弱，ち密度極疎（6 mm），乾状態で疎しょう，湿状態で疎しょう，細孔隙あり，大根あり，細根あり，湿，層界波状明瞭，pH3.8。

Bh ：6～12 cm，極暗褐（7.5 YR 2/3），有機物富む，CL，硬砂岩未風化中小角礫富む，弱度小亜角塊状構造，粘着性弱，可塑性弱，ち密度極疎（7 mm），乾状態で疎しょう，湿状態で疎しょう，有機物キュータンすこぶる富む，細孔隙あり，中小細根あり，湿，層界波状判然，pH3.9。

Bs1 ：12～17 cm，暗赤褐（5 YR 2/3），有機物含む，CL，硬砂岩未風化中小角礫すこぶる富む，単粒状構造，粘着性弱，可塑性弱，ち密度極疎（8 mm），乾状態で疎しょう，湿状態で疎しょう，鉄の酸化物キュータンすこぶる富む，細孔隙あり，中細根あり，半湿，層界波状判然，pH4.2。

Bs2 ：17～35 cm，暗赤褐（5 YR 2/4），有機物含む，CL，硬砂岩未風化中小角礫すこぶる富む，弱度小亜角塊状構造，粘着性弱，可塑性弱，ち密度極疎（10 mm），乾状態で疎しょう，湿状態で疎しょう，鉄の酸化物キュータン富む，細孔隙あり，中細根あり，湿，活性アルミニウム反応＋＋＋，層界平坦漸変，pH4.7。

Bs3　：35 ～ 70 cm，褐（10 YR 4/6），有機物あり，LiC，硬砂岩未風化大中小細角礫すこぶる富む，弱度小亜角塊状構造，粘着性弱，可塑性中ないし弱，ち密度疎（15 mm），乾状態で軟，湿状態で極砕易，細孔隙あり，中根あり，湿，活性アルミニウム反応＋＋＋，層界不規則明瞭，pH4.9。

BC　：70＋cm，灰オリーブ（5 Y 4/ 2），礫土，ち密度密（25 mm），湿。

[土壌断面票の記載]

土壌断面調査票

日本ペドロジー学会

地点番号	YJ-2						
土壌名	十文字ポドゾル	土壌分類	林野土壌分類：PD I（乾性ポドゾル） 統一的土壌分類：典型的ポドゾル性土	調査日	1985年7月9日	天候	晴　調査前　晴
調査者	大羽裕，永塚鎮男，田村憲司						
調査地点	埼玉県秩父郡大滝村十文字峠	所有者 耕作者	国有林	緯度 経度	北緯35°56′15″ 東経138°44′30″		
地質母岩	中生界硬砂岩	堆積様式	崩積成	気候	亜高山帯針葉樹林気候		
地形	尾根筋下部の山腹急斜面上部	標高	2,050m	傾斜	N30°W，17°		
侵食	シート侵食極微	排水性	良好	地表の露岩	なし	人為	なし
土地利用・植生および付近の見取図	コメツガ林（高木層：コメツガ，トウヒ，オオシラビソ；低木層：コヨウラクツツジ，アズマシャクナゲ；草本層：ゴゼンタチバナ，マイヅルソウ，コミヤマカタバミ；コケ層：イワダレゴケ，フジノマンネンゴケなど）						

断面スケッチ	層位	深さ cm	層界・試料番号	土色 1）湿 2）乾	斑紋・結核	有機物・泥炭・黒泥	土性	礫	構造	粘着性	可塑性	ち密度	乾状態	湿状態	キュータン	孔隙	根・生物活動	乾湿・地下水面	Fe II	Mn	Al	pH	備考
	Oi	+15	①	1）極暗赤褐 5YR3/3	なし	モル型堆積有機質層						2					大根含 中～細富	湿					O層が特によく発達している.
	Oe	+10	②	1）暗赤褐 2.5YR3/3	〃							2					〃	やや湿					
	Oa	+2	③	1）黒褐 5YR2/1.5	〃							4					〃	湿					
	E	0	④	1）灰褐 5YR4/2	〃	あり	L 壌土	硬砂岩未風化中小角礫すこぶる富む	単粒状	弱	弱	6	疎しょう	疎しょう	なし	細孔隙あり	大根あり 細根あり	〃	—	—	—	3.8	
	Bh	6	⑤	1）極暗褐 7.5YR2/3	〃	富む	CL 埴壌土	〃 富む	小亜角塊状 発達弱度	〃	〃	7	〃	〃	有機物キュータンすこぶる富む	〃	中根あり 細根あり	〃	—	—	—	3.9	
	Bs1	12	⑥	1）暗赤褐 5YR2/3	〃	含む	CL 埴壌土	〃 すこぶる富む	単粒状	なし	なし	8	〃	〃	鉄の酸化物キュータンすこぶる富む	〃	〃	半湿	—	—	—	4.2	
	Bs2	17	⑦	1）暗赤褐 5YR2/4	〃	含む	CL 埴壌土	〃	小亜角塊状 発達弱度	中	弱	10	〃	〃	鉄の酸化物キュータン含む	〃	〃	湿	—	—	+++	4.7	
	Bs3	35	⑧	1）褐 10YR4/6	〃	あり	LiC 軽埴土	〃 細～大角礫すこぶる富む	〃	〃	〃	15	軟	極軟	なし	〃	中根あり	〃	—	—	+++	4.9	
	BC	70	⑨	1）灰オリーブ 5Y4/2	〃		—	礫土	—	—	—	25	—	—	—	なし	なし	〃					

その他

付・1－2 三方原の黄色土

［文章記載］

地点番号：HM41

土壌名：三方原黄色土

土壌分類：

日本土壌分類体系（2017）：疑似グライ化粘土集積赤黄色土

包括的土壌分類 第1次試案（2011）：細粒質疑似グライ化粘土集積赤黄色土

WRB（2006）：Stagnic Acrisol

Soil Taxonomy（2010）：Aquic Hapludult

調査日：1983年10月6日 天気：晴 調査前の天気：晴

調査者：三土正則・太田 健・浜崎忠雄

調査地点：静岡県浜松市豊岡町

北緯34° 47′ 16″，東経137° 43′ 58″

月	1	2	3	4	5	6	7	8	9	10	11	12	年
気温℃	5.8	6.5	9.4	14.6	18.4	21.8	25.5	26.9	23.9	18.7	13.7	8.6	16.2
降水mm	58	78	129	191	209	267	226	213	216	166	100	71	1925

地質・母材：礫質未固結段丘成堆積物（洪積層）

地形：平坦な中位砂礫台地平坦面（三方原） 標高：65 m

傾斜：平坦（1°未満）

土地利用・植生：防風林（クロマツ，アズマネザサ，ススキ）

侵食：シート侵食極微

排水性：排水良好

地表の露岩：なし

人為：南北に防風林配置

断面記載

A ：0～20 cm，湿のとき褐（7.5 YR 4/3.5），乾のときにぶい橙（7.5 YR 6/4），有機物含む，LiC，未風化細小円礫あり，弱度細塊状構造，粘着性中，可塑性強，ち密度中（20 mm），乾状態で固く，湿状態で砕易，細孔隙あり，細小根富む，半湿，層界平坦判然，pH4.5（試料番号HM41－1）。

Bt1　：20 ～ 32 cm，湿のとき明褐（7.5 YR 5/7），乾のとき橙（7.5 YR 6/6），HC，未風化細小円礫あり，弱度中大亜角塊状構造，粘着性中，可塑性強，ち密度中（19 mm），乾状態で固く，湿状態で砕易，細孔隙あり，細小根含む，半湿，層界平坦漸変，pH4.3（試料番号 HM41－2）。

Bt2　：32 ～ 46 cm，湿のとき明褐（7.5 YR 5/6），乾のとき明黄褐（10 YR 7/6），HC，未風化，半風化細小円礫あり，弱度中大亜角塊状構造，粘着性強，可塑性強，ち密度中（21 mm），乾状態で固く，湿状態で砕易，孔隙に鮮明有機物キュータン含む，細小根あり，半湿，活性アルミニウム反応±，層界平坦漸変，pH4.5（試料番号 HM41－3）。

Bt3　：46 ～ 60 cm，湿のとき黄褐（10 YR 5/6），乾のとき明黄褐（10 YR 7/6），鮮明マンガン点状斑，軟結核あり（2－3％），鮮明雲状斑鉄（5 YR 4/8）あり（2－3％），HC，未風化，半風化細小円礫あり，壁状構造，粘着性強，可塑性強，ち密度中（23 mm），乾状態で固く，湿状態で砕易，孔隙に鮮明有機物キュータン含む，細孔隙あり，細根わずかにあり，半湿，マンガン反応＋＋，活性アルミニウム反応±，層界判然，pH4.7（試料番号 HM41－4）。

Btg　：60 ～ 118＋cm，湿のときにぶい黄橙（10 YR 6/4）：黄褐（10 YR 5/6）：（2：1），乾のときにぶい黄橙（10 YR 7/4）：明黄褐（10 YR 7/6），鮮明マンガン点状斑，軟結核含む，鮮明雲状斑（5 YR 4/8）富む（25％），HC，半風化細中円礫含む，壁状構造，粘着性強，可塑性強，ち密度中（24 mm），乾状態で固く，湿状態で砕易，細孔隙あり，半湿，マンガン反応＋＋，活性アルミニウム反応＋，pH4.7（試料番号 HM41－5）。

［土壌断面票の記載］

土壌断面調査票

日本ペドロジー学会

地点番号	HM41						
土壌名	三方原黄色土	土壌分類	農(1995)：細粒質台地黄色土 FAO/Unesco (1990)：Haplic Acrisol	調査日	1983.10.6	天候	晴　調査前 晴
調査者	三土・太田・浜崎						
調査地点	静岡県 浜松市 豊岡町	所有者 耕作者		緯度 経度	N 34°47′16″ E 137°43′58″		
地質母岩	洪積層・未固結礫質堆積物	堆積様式	段丘成	気候	照葉樹林気候 年平均気温 16.2°C 年降水量 1925 mm (浜松)		
地形	平坦な中位砂礫台地 平坦面（三方原）	標高	65 m	傾斜	平坦（1°未満）		
侵食	シート侵食 極微	排水性	良好	地表の露岩	なし	人為	南北に防風林配置

土地利用・植生および付近の見取図

防風林
クロマツ
アズマネザサ
ススキ

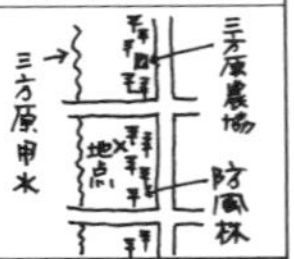

断面スケッチ	層位	深さ cm	層界・試料番号	土色 1)湿 2)乾	斑紋・結核	有機物・泥炭・黒泥	土性	礫	構造	粘着性	可塑性	ち密度	乾状態	湿状態	キュータン	孔隙	根・生物活動	乾湿・地下水面	Fe II	Mn	Al	pH (H₂O)	備考 コアサンプルNo.
	A	0–20	①	1)褐 7.5YR4/3.5 2)にぶい橙 7.5YR6/4	なし	含	LiC	未風化細小円礫有	弱細塊	中	強	中 20	固い	砕易	なし	細あり	細小富	半湿	−	−	−	4.5	H1, H2 H3
	Bt1 Bt2	20–32–46	②	1)明褐 7.5YR5/7 2)橙 7.5YR6/6	なし	あり	HC	〃	弱中〜大亜角塊	中	強	中 19	〃	〃	なし	〃	細小含	〃	−	−	−	4.3	H4, H5 H6
	Bt3	46–60	③	1)明褐 7.5YR5/6 2)明黄褐 10YR7/6	なし	あり	HC	未風化・半風化細小円礫有	〃	強	強	中 21	〃	〃	孔隙に鮮明有機物含	細含	細小あり	〃	−	−	±	4.5	H7, H8 H9
		60–	④	1)黄褐 10YR5/6 2)明黄褐 10YR7/6	鮮明Mn点状,軟結核あり(2〜3%) (5YR4/8)	なし 雲状あり(2〜3%)	HC	〃	壁状	強	強	中 23	〃	〃	〃	細あり	細僅かに有	〃	−	+	+	4.7	H10, H11 H12
	Bwg	–118	⑤	1)にぶい黄橙 10YR6/4 黄褐 10YR5/6 (1:2) 2)にぶい黄橙 10YR7/4 明黄橙 10YR7/6	鮮明Mn点状・軟結核含(5〜7%), 状(5YR4/8)	なし 鮮明雲富む	HC	半風化細中円礫含	〃	強	強	中 24	〃	〃	なし	〃	なし	〃	−	++	+	4.7	H13, H14 H15

その他	マンガン軟結核は鉄質のうすい皮膜をもつものが多い。

付・1－3　低地の水田土

［文章記載］

地点番号：KG 1

土壌名：老朽化水田土壌

土壌分類：

日本土壌分類体系（2017）：漂白化沖積水田土

包括的土壌分類 第1次試案（2011）：典型漂白化低地水田土

WRB（2006）：Fluvic Hydragric Anthrosol

Soil Taxonomy（2010）：Anthraquic Eutrudept

調査日：1977年5月2日　　天気：晴　　調査前の天気：晴

調査者：浜崎忠雄

地点：香川県綾歌郡国分寺町福家甲1851　森本政太郎氏水田

北緯34° 16′ 15″，東経133° 58′ 19″

気候：照葉樹林気候　観測地点　高松

月	1	2	3	4	5	6	7	8	9	10	11	12	年
気温 ℃	4.7	5.1	7.8	13.2	17.7	21.8	26.1	26.8	22.8	16.9	11.9	7.1	15.2
降水 mm	48	52	68	104	107	164	153	101	196	105	65	37	1199

地質・母材：花崗岩質砂礫質未固結河成堆積物

地形：本津川谷底平野の河岸近く，まれに氾濫する。

標高：30 m　　傾斜：周囲は傾斜（10°）

土地利用：水田（単収4.8 t/ha）

侵食：極微

排水性：漏水田（日減水深：50 mm）

地下水位：最高73.7 cm，最低158.2 cm，平均135.7 cm（1977.6-1978.5）

地表の露岩：なし

人為：階段状水田

断面記載

AEpg1　：0～11 cm，湿のとき黄灰（2.5 Y 5/1），乾のとき灰白（2.5 Y 7/1）有機物含む，CL，未風化細亜角礫あり，弱度亜角塊状構造，粘着性弱，可塑性弱，ち密度極疎（6 mm），乾状態でわずかに固く，湿状態で砕易，細根含む，湿，層界平坦明瞭，pH(H_2O)5.6（試料番号 KG 1－1）。

AEpg2 ：11～20 cm，湿のとき黄灰（2.5 Y 5/1），乾のとき灰白（2.5Y 7/1），糸根状・膜状（7.5 YR 4/6）斑紋含む，有機物含む，L，未風化細亜角礫あり，弱度亜角塊状構造，粘着性弱，可塑性弱，ち密度疎（17 mm），乾状態でわずかに固く，湿状態で極砕易，細孔隙あり，細根あり，湿，層界平坦判然，pH(H_2O)5.5（試料番号 KG 1－2）。

Eg ：20～27 cm，湿のとき黄灰（2.5 Y 6/1），乾のとき灰白（2.5 Y 7/1），糸状（5 YR 3/6）斑紋含む，FSL，未風化細亜角礫あり，壁状構造，粘着性弱，可塑性弱，ち密度中（24 mm），乾状態で固く，湿状態で極砕易，細孔隙含む，湿，マンガン反応＋，層界平坦明瞭，pH(H_2O)6.1（試料番号 KG 1－3）。

2Bgirmn1：27～32 cm，湿のとき灰白（2.5 Y 7/1），乾のとき灰白（2.5 Y 8/1），糸状（5 YR 3/6）斑紋富む・雲状斑紋あり，LCoS，未風化細亜角礫あり，壁状構造，粘着性弱，可塑性弱，ち密度中（24 mm），乾状態で固く，湿状態で極砕易，細孔隙含む，半湿，マンガン反応＋，層界平坦明瞭，pH(H_2O)6.3（試料番号 KG 1－4）。

2Bgirmn2：32～37 cm，湿のときにぶい黄橙（10 YR 7/2），乾のとき灰白（2.5 Y 7/1），糸状（7.5 YR 4/6）斑紋富む，点状（10 YR 2/1）マンガン斑すこぶる富む，鉄・マンガン盤層，S，未風化細亜角礫あり，壁状構造，粘着性弱，可塑性弱，ち密度密（27 mm），乾状態でわずかに固く，湿状態で極砕易，細孔隙あり，半湿，マンガン反応＋＋＋，層界平坦明瞭，pH(H_2O)6.4（試料番号 KG 1－5）。

2C1 ：37～90 cm，湿のときにぶい黄（2.5 Y 6/4），乾のとき灰白（2.5 Y 8/2），CoSL，未風化細小中亜角・円礫含む，単粒状構造，粘着性なし，可塑性なし，ち密度極疎（8 mm），乾状態でわずかに固く，湿状態で極砕易，半湿，層界平坦判然，pH(H_2O)6.5（試料番号 KG 1－6）。

2C2　：90 ～ 110 cm，湿のとき黄褐（10 YR 5/6），乾のとき淡黄（2.5 Y 8/ 3），S，未風化細小中亜角礫土，単粒状構造，粘着性なし，可塑性なし，乾状態で疎しょう，湿状態で疎しょう，半湿，層界平坦判然，pH(H_2O)6.6（試料番号 KG 1 - 7）。

2Cg1　：110-155 cm，湿のとき浅黄（2.5 Y 7/ 4），乾のとき淡黄（2.5 Y 8/ 3），S，未風化細小中亜角礫土，湿，層界平坦判然，pH(H_2O)6.6（試料番号 KG 1 - 8）。

2Cg2　：155 ～ 200＋cm，湿のとき灰白（2.5 Y 7/ 1），乾のとき灰白（2.5 Y 8/ 1），S，未風化細小中亜角礫土，過湿。

［土壌断面票の記載］

土壌断面調査票

日本ペドロジー学会

地点番号	KG 1						
土壌名	老朽化水田土壌	土壌分類	農(1995)：漂白化低地水田土 統一案(1986)：漂白化集積水田土	調査日	1977. 5. 2	天候	晴　調査前 晴
調査者	浜崎忠雄						
調査地点	香川県綾歌郡国分寺町福家甲 1851			所有者・耕作者	森本政太郎	緯度・経度	34° 16′ 15″ N 133° 58′ 19″ E
地質母岩	花崗岩質未固結砂礫質堆積物	堆積様式	河成	気候	照葉樹林気候 (高松) 年平均気温 15.2℃, 年降水量 1199 mm		
地形	本津川谷底平野の河岸近く，まれに氾濫する			標高	30 m	傾斜	周囲傾斜 10°
侵食	極微	排水性	日減水深 50 mm	地表の露岩	なし	人為	階段状水田

土地利用・植生および付近の見取図

水田単作
単収
4.8 t/ha

断面スケッチ	層位	深さ cm	層界・試料番号	土色 1)湿 2)乾	斑紋・結核	有機物・泥炭・黒泥	土性	礫	構造	コンシステンス 粘着性	可塑性	ち密度	乾状態	湿状態	キュータン	孔隙	根・生物活動	乾湿・地下水面	反応 Fe II	Mn	Al	pH (H₂O)	備考 コアサンプラー No.
	AEpg1	0–11	①	1)黄灰 2.5Y 5/1	なし	含	CL	未風化細亜角礫あり	弱亜角塊	弱	弱	極疎 6	僅かに固い	砕易	なし	−	細含	湿	−	−	−	5.6	K1, K2, K3
	AEpg2	11–20	②	〃	糸根・膜(7.5YR4/6)含	〃	L	〃	〃	〃	〃	疎 17	〃	極砕易	〃	細あり	細あり	〃	−	−	−	5.5	K4, K5, K6
	Eg	20–27	③	1)黄灰 2.5Y 6/1	糸状(5YR3/6)含	なし	FSL	〃	壁状	〃	〃	中 24	固い	〃	〃	細含	なし	〃	−	+	−	6.1	K7, K8, K9
	2Bgirmn1	27–32	④	1)灰白 2.5Y 7/1	糸状(5YR3/6)富，雲あり	〃	LCoS	〃	〃	〃	〃	中 24	〃	〃	〃	〃	〃	半湿	−	+	−	6.3	K10, K11, K12
	2Bgirmn2	32–37	⑤	1)にぶい黄橙 10YR 7/2	糸状(7.5YR5/6)富，点状Mn すこぶる富 Fe,Mn [illegible]	〃	S	〃	〃	〃	〃	密 27	僅かに固い	〃	〃	細あり	〃	〃	−	+++	−	6.4	K13, K14, K15
	2C1	37–90	⑥	1)にぶい黄 2.5Y 6/4	なし	〃	CoSL	未風化細小中亜角〜円礫含	単粒状	なし	なし	極疎 8	〃	〃	〃	−	〃	〃	−	−	−	6.5	K16, K17, K18
	2C2	90–110	⑦	1)黄褐 10YR 5/6	〃	〃	S	未風化細小中亜角〜円礫土	〃	〃	〃	−	疎しょう	疎しょう	〃	−	〃	〃	−	−	−	6.6	
	2Cg1	110–155	⑧	1)淡黄 10YR 7/4	〃	〃	S	〃	〃	〃	〃	−	〃	〃	〃	−	〃	湿	−	−	−	6.6	
	2Cg2	155–200	⑨	1)灰白 2.5Y 7/1	〃	〃	S	〃	〃	〃	〃	−	〃	〃	〃	−	〃	過湿	−	−	−	−	

その他　乾のときの土色 表層より ①灰白(2.5Y 7/1)，②灰白(2.5Y 7/1)，③灰白(2.5Y 7/1)，④灰白(2.5Y 8/1)，⑤灰白(2.5Y 7/1)，⑥灰白(2.5Y 8/1)，⑦淡黄(2.5Y 8/3)，⑧淡黄(2.5Y 8/3)，⑨灰白(2.5Y 8/1)

付・1－4　九十九里海岸平野の強グライ土

（文章記載）
地点番号：KK71
土壌名：九十九里強グライ土
土壌分類：
　日本土壌分類体系（2017）：還元型グライ沖積土
　包括的土壌分類 第1次試案（2011）：粗粒質還元型グライ低地土
　WRB（2006）：Gleyic Fluvisol
　Soil Taxonomy（2010）：Typic Hydraquent
調査日：1988年12月6日　　天気：晴　　調査前の天気：晴
調査者：安西徹郎・藤井 力
調査地点：千葉県山武郡九十九里町作田下谷向1277
　　　　　北緯35°33′05″，東経140°27′53″
気候：照葉樹林気候　観測地点　九十九里
　　　年平均気温15.2℃，年降水量1673 mm（1995年）
地質・母材：砂質未固結海成堆積物
地形：九十九里海岸平野　　　標高：3 m
傾斜：平坦（1°未満）
土地利用：水田（単作），単収5.0 t/ha
侵食：極微
排水性：減水深5 mm/日，湿田
地表の露岩：なし
人為：基盤整備済

断面記載

Apg　：0～13 cm，暗灰黄（2.5 Y 5/2），やや鮮明な糸根状斑鉄あり，LS，無構造（単粒状），粘着性弱，可塑性弱，ち密度極疎（7 mm），細小孔隙あり，水稲根富む，湿，ジピリジル反応＋，層界平坦明瞭。

Go　：13～30 cm，黄灰（2.5 Y 4/1），やや鮮明な糸根状・膜状斑鉄あり，LS，無構造（壁状），粘着性弱，可塑性弱，ち密度中（20 mm），細小孔隙あり，水稲根含む，根の下

端 27 cm，多湿，ジピリジル反応＋＋，層界平坦判然。

Gr 1　　：30 ～ 52 cm，オリーブ黒（5 Y 3/ 1），FS（CL 含む），無構造(壁状)，粘着性なし，可塑性なし，ち密度中(22 mm)，細孔隙あり，多湿，ジピリジル反応＋＋，層界平坦判然。

Gr 2　　：52＋cm，暗オリーブ灰(5 GY 3/1)，FS，無構造(単粒状)，粘着性なし，可塑性なし，細孔隙あり，ジピリジル反応＋＋＋，多湿。

付・2　土壌断面模式図凡例

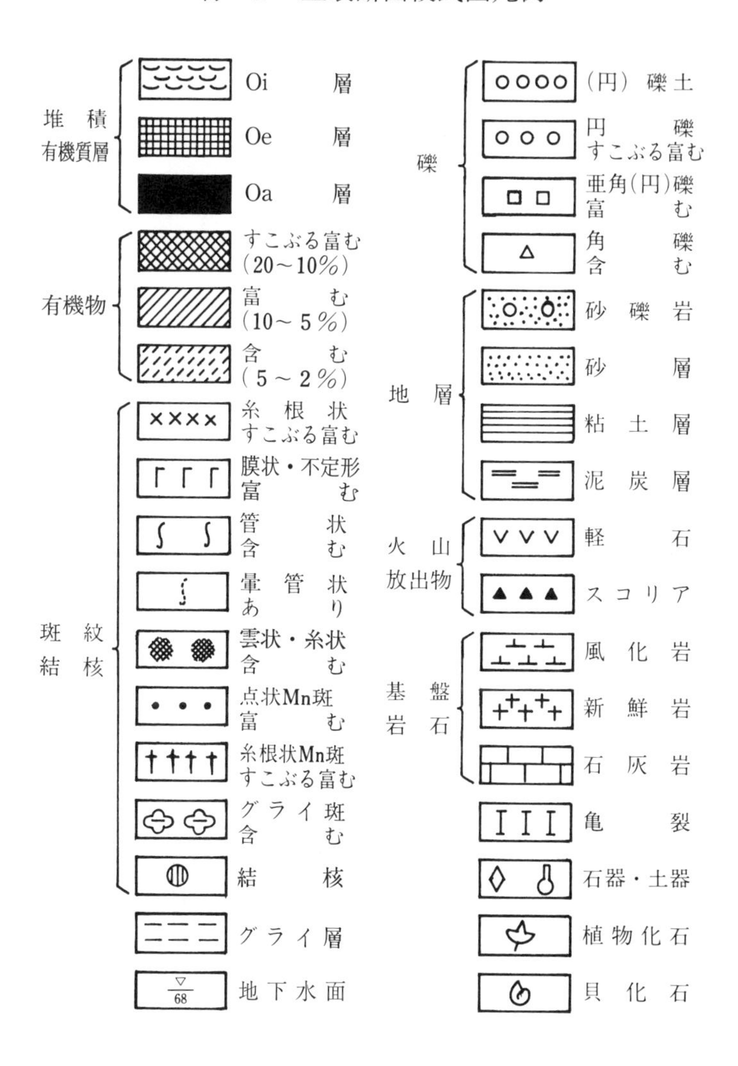
堆積有機質層
Oi 層
Oe 層
Oa 層
有機物
すこぶる富む（20～10%）
富む（10～5%）
含む（5～2%）
斑紋結核
糸根状すこぶる富む
膜状・不定形富む
管状含む
暈管状あり
雲状・糸状含む
点状Mn斑富む
糸根状Mn斑すこぶる富む
グライ斑含む
結核
グライ層
地下水面
68
礫
（円）礫土
円礫すこぶる富む
亜角（円）礫富む
角礫含む
地層
砂礫岩
砂層
粘土層
泥炭層
火山放出物
軽石
スコリア
基盤岩石
風化岩
新鮮岩
石灰岩
亀裂
石器・土器
植物化石
貝化石

付・3　日本の土壌分類

付・3－1　林野土壌の分類（1975）（林業試験場土じょう部，1976）

土壌群 土壌亜群	Soil Groups Soil Subgroups
P　ポドゾル	Podzolic soils
P_D　乾性ポドゾル	Dry podzolic soil
P_W(i)　湿性鉄型ポドゾル	Wet iron podzolic soil
P_W(h)　湿性腐植型ポドゾル	Wet humus podzolic soil
B　褐色森林土	Brown forest soils
B　褐色森林土	Brown forest soil
*d*B　暗色系褐色森林土	Dark brown forest soil
*r*B　赤色系褐色森林土	Reddish brown forest soil
*y*B　黄色系褐色森林土	Yellowish brown forest soil
*g*B　表層グライ化褐色森林土	Surface gleyed brown forest soil
RY　赤・黄色土	Red and Yellow soils
R　赤色土	Red soil
Y　黄色土	Yellow soil
*g*RY 表層グライ系赤・黄色土	Surface gleyed red and yellow soil
Bl　黒色土	Black soils
Bl　黒色土	Black soil
*l*Bl　淡黒色土	Light colored black soil
DR　暗赤色土	Dark red soils
*e*DR　塩基系暗赤色土	Eutric dark red soil
*d*DR　非塩基系暗赤色土	Dystric dark red soil
*v*DR　火山系暗赤色土	Volcanogenous dark red soil
G　グライ	Gley soils
G　グライ	Gley
psG　偽似グライ	Pseudogley
PG　グライポドゾル	Podzolic gley
Pt　泥炭土	Peaty soils
Pt　泥炭土	Peat soil
Mc　黒泥土	Muck soil
Pp　泥炭ポドゾル	Peaty podzol
Im　未熟土	Immature soils
Im　未熟土	Immature soil
Er　受蝕土	Eroded soil

付・3－2 包括的土壌分類 第1次試案（小原ら，2011）

大群（Great Groups） 群 Groups	亜群（Subgroups）
A 【造成土大群】（Man-made soils）	
人工物質土 Artifactual soils	有機質（Organic） 硬盤型（Ekranic） 無機質（Mineral）
盛土造成土 Reformed soils	台地（Upland） 低地（Lowland）
B 【有機質土大群】（Organic soils）	
泥炭土 Peat soils	腐朽質（Sapric） 高位（High-moor） 中間（Transitional-moor） 低位（Low-moor）
C 【ポドゾル大群】（Podzols）	
ポドゾル Podzols	表層泥炭質（Epi-peaty） 湿性（Aquic） 表層疑似グライ化（Epi-pseudogleyic） 疑似グライ化（Pseudogleyic） 普通（Haplic）
D 【黒ボク土大群】（Andosols）	
未熟黒ボク土 Regosolic Andosols	湿性（Aquic） 腐植質（Humic） 埋没腐植質（Thapto-humic） 普通（Haplic）
グライ黒ボク土 Gleyed Andosols	泥炭質（Peaty） 厚層（Cumulic） 普通（Haplic）
多湿黒ボク土 Wet Andosols	泥炭質（Peaty） 下層台地（Thapto-upland） 下層低地（Endofulvic） 厚層（Cumulic） 普通（Haplic）
褐色黒ボク土 Fulvic Andosols	厚層（Cumulic） 埋没腐植質（Thapto-humic） 普通（Haplic）
非アロフェン質黒ボク土 Non-allophanic Andosols	水田化（Anthraquic） 厚層（Cumulic） 埋没腐植質（Thapto-humic） 普通（Haplic）

付・3－2 つづき

大群（Great Groups） 群 Groups	亜群（Subgroups）
アロフェン質黒ボク土 Allophanic Andosols	水田化（Anthraquic） 下層台地（Thapto-upland） 下層低地（Endofulvic） 淡色（Low-humic） 厚層（Cumulic） 埋没腐植質（Thapto-humic） 普通（Haplic）
E 【暗赤色土大群】（Dark Red soils）	
石灰性暗赤色土 Calcaric Dark Red soils	粘土集積（Argic） 普通（Haplic）
酸性暗赤色土 Dystric Dark Red soils	粘土集積（Argic） 普通（Haplic）
塩基性暗赤色土 Eutric Dark Red soils	粘土集積（Argic） 普通（Haplic）
F 【低地土大群】（Lowland soils）	
低地水田土 Lowland Paddy soils	漂白化（Albic） 表層グライ化（Epi-gleyed） 下層褐色（Endoaeric） 湿性（Aquic） 普通（Haplic）
グライ低地土 Gley Lowland soils	硫酸酸性質（Thionic） 泥炭質（Peaty） 腐植質（Humic） 表層灰色（Epi-gray） 還元型（Strong） 斑鉄型（Mottled）
灰色低地土 Gray Lowland soils	硫酸酸性質（Thionic） 泥炭質（Peaty） 腐植質（Humic） 表層グライ化（Epi-gleyed） グライ化（Gleyed） 下層黒ボク（Thapto-andic） 普通（Haplic）
褐色低地土 Brown Lowland soils	湿性（Aquic） 腐植質（Humic） 水田化（Protoanthraquic） 普通（Haplic）
未熟低地土 Regosolic Lowland soils	湿性（Aquic） 普通（Haplic）

付・3－2 つづき

大群（Great Groups） 群 Groups	亜群（Subgroups）
G 【赤黄色土大群】（Red-Yellow soils）	
粘土集積赤黄色土 Argic Red-Yellow soils	水田化（Anthraquic） 灰白化（Albic） 疑似グライ化（Pseudogleyic） 湿性（Aquic） 腐植質（Humic） 赤色（Reddish） 普通（Haplic）
風化変質赤黄色土 Cambic Red-Yellow soils	水田化（Anthraquic） 灰白化（Albic） 疑似グライ化（Pseudogleyic） 湿性（Aquic） 腐植質（Humic） 赤色（Reddish） ばん土質（Andic） 普通（Haplic）
H 【停滞水成土大群】（Stagnic soils）	
停滞水グライ土 Stagnogley soils	水田型（Irrigation water-aquic） 表層泥炭質（Epi-peaty） 腐植質（Humic） 普通（Haplic）
疑似グライ土 Pseudogley soils	水田化（Anthraquic） 地下水型（Groundwater-aquic） 腐植質（Humic） 褐色（Aeric） 普通（Haplic）
I 【褐色森林土大群】（Brown Forest soils）	
褐色森林土 Brown Forest soils	水田化（Anthraquic） 湿性（Aquic） 塩基型（Eutric） ばん土質（Andic） 腐植質（Humic） ポドゾル化（Podzolic） 下層赤黄色（Thapto-red-yellow） 台地（Terrace） 普通（Haplic）

付・3-2 つづき

大群(Great Groups) 群 Groups	亜群(Subgroups)
J 【未熟土大群】(Regosols)	
火山放出物未熟土 Volcangenous Regosols	湿性(Aquic) 普通(Haplic)
砂質未熟土 Sandy Regosols	湿性(Aquic) 石灰質(Calcaric) 普通(Haplic)
固結岩屑土 Lithosols	石灰質(Calcaric) 湿性(Aquic) 普通(Haplic)
陸成未熟土 Terrestrial Regosols	泥灰岩質(Marlitic) 石灰質(Calcaric) 花崗岩型(Granitic) 軟岩型(Para-lithic) 普通(Haplic)

付・3-3 国土調査「50万分の1土壌図」凡例（経済企画庁, 1969）

土壌群	Soil Groups
土壌亜群	Soil Subgroups
岩屑土	Lithosols
高山性岩屑土	Alpine Lithosols
岩屑土	Lithosols
未熟土	Regosols
残積性未熟土	Residual Regosols
砂丘未熟土	Volcanogcnous Regosols
火山放出物未熟土	Sand-dune Regosols
黒ボク土	Ando soils
粗粒黒ボク土	Ando soils（coarse textured）
黒ボク土	Ando soils
淡色黒ボク土	Light Colored Ando soils
多湿黒ボク土	Gleyed Ando soils
褐色森林土	Brown Forest soils
乾性褐色森林土（Ⅰ）	Brown Forest soils（dry）
乾性褐色森林土（Ⅱ）	Brown Forest soils（slightly dry）
褐色森林土	Brown Forest soils
湿性褐色森林土	Brown Forest soils（wet）
ポドソル	Podzols
乾性ポドソル	Podzols（dry）
湿性ポドソル	Podzols（wet）
赤黄色土	Red and Yellow soils
赤色土	Red soils
黄色土	Yellow soils
暗赤色土	Dark red soils
褐色低地土	Brown Lowland soils
褐色低地土	Brown Lowland soils
灰色低地土	Gray Lowland soils
粗粒灰色低地土	Gray Lowland soils（coarse textured）
灰色低地土	Gray Lowland soils
グライ土	Gley soils
粗粒グライ土	Gley soils（coarse textured）
グライ土	Gley soils
泥炭土	Peat soils
泥炭土	Peat soils

* 一部字句改変

付・3－4 日本土壌分類体系（2017）

大群（Great Groups） 群 Groups	亜群（Subgroups）
造成土大群（Man-made soils）	
人工物質土 Artifactual soils	有機質（Organic）
	硬盤型（Ekranic）
	無機質（Mineral）
盛土造成土 Reformed soils	台地（Upland）
	低地（Lowland）
有機質土大群（Organic Soils）	
泥炭土 Peat soils	腐朽質（Sapric）
	高位（High-moor）
	中間（Transitional-moor）
	低位（Low-moor）
黒ボク土大群（Andosols）	
ポドゾル化黒ボク土 Podzolic Andosols	表層泥炭質（Epi-peaty）
	表層疑似グライ化（Epi-pseudogleyic）
	湿性（Aquic）
	普通（Haplic）
未熟黒ボク土 Regosolic Andosols	湿性（Aquic）
	腐植質（Humic）
	埋没腐植質（Thapto-humic）
	普通（Haplic）
グライ黒ボク土 Gleyed Andosols	泥炭質（Peaty）
	厚層（Cumulic）
	普通（Haplic）
多湿黒ボク土 Wet Andosols	泥炭質（Peaty）
	下層台地（Thapto-upland）
	下層低地（Endofluvic）
	厚層（Cumulic）
	普通（Haplic）
非アロフェン質黒ボク土 Non-allophanic Andosols	水田化（Anthraquic）
	厚層（Cumulic）
	埋没腐植質（Thapto-humic）
	腐植質（Humic）
	腐植質褐色（Brown-humic）
	湿性（Aquic）
	普通（Haplic）
アロフェン質黒ボク土 Allophanic Andosols	水田化（Anthraquic）
	下層台地（Thapto-upland）
	下層低地（Endofluvic）
	厚層（Cumulic）
	埋没腐植質（Thapto-humic）
	腐植質（Humic）
	腐植質褐色（Brown-humic）
	湿性（Aquic）
	普通（Haplic）

付・3-4 つづき

土壌大群・土壌群	亜群
ポドゾル大群（Podzols）	
ポドゾル Podzols	表層泥炭質（Epi-peaty） 湿性（Aquic） 表層疑似グライ化（Epi-pseudogleyic） 疑似グライ化（Pseudogleyic） 普通（Haplic）
沖積土大群（Fluvic soils）	
沖積水田土 Fluvic Paddy soils	漂白化（Albic） 表層グライ化（Epi-gleyed） 下層褐色（Endoaeric） 湿性（Aquic） 普通（Haplic）
グライ沖積土 Gley Fluvic soils	硫酸酸性質（Thionic） 泥炭質（Peaty） 腐植質（Humic） 表層灰色（Epi-gray） 還元型（Strong） 斑鉄型（Mottled）
灰色沖積土 Gray Fluvic soils	硫酸酸性質（Thionic） 泥炭質（Peaty） 腐植質（Humic） 表層グライ化（Epi-gleyed） グライ化（Gleyic） 下層黒ボク（Thapto-andic） 普通（Haplic）
褐色沖積土 Brown Fluvic soils	湿性（Aquic） 腐植質（Humic） 水田化（Protoanthraquic） 普通（Haplic）
未熟沖積土 Regosolic Fluvic soils	湿性（Aquic） 普通（Haplic）
赤黄色土大群（Red-Yellow soils）	
粘土集積赤黄色土 Argic Red-Yellow soils	水田化（Anthraquic） 灰白化（Albic） 疑似グライ化（Pseudogleyic） 湿性（Aquic） 腐植質（Humic） 赤色（Reddish） 普通（Haplic）
風化変質赤黄色土 Cambic Red-Yellow soils	水田化（Anthraquic） 灰白化（Albic） 疑似グライ化（Pseudogleyic） 湿性（Aquic） 腐植質（Humic） 赤色（Reddish） ばん土質（Andic） 普通（Haplic）

付・3－4 つづき

土壌大群／土壌群	亜群
停滞水成土大群（Stagnic soils）	
停滞水グライ土 Stagnogley soils	水田型（Irrigation water-aquic） 表層泥炭質（Epi-peaty） 腐植質（Humic） 普通（Haplic）
疑似グライ土 Pseudogley soils	水田化（Anthraquic） 地下水型（Groundwater-aquic） 腐植質（Humic） 褐色（Aeric） 普通（Haplic）
富塩基土大群（Eutrosols）	
マグネシウム型富塩基土 Magnesian Eutrosols	粘土集積（Argic） 普通（Haplic）
カルシウム型富塩基土 Calcaric Eutrosols	粘土集積（Argic） 普通（Haplic）
褐色森林土大群（Brown Forest soils）	
褐色森林土 Brown Forest soils	水田化（Anthraquic） ばん土質（Andic） ポドゾル化（Podzolic） 腐植質（Humic） 下層赤黄色（Thapto-red-yellow） 湿性（Aquic） 表層グライ化（Epi-gleyed） 塩基型（Eutric） 普通（Haplic）
未熟土大群（Regosols）	
火山放出物未熟土 Volcanogenous Regosols	湿性（Aquic） 普通（Haplic）
砂質未熟土 Sandy Regosols	石灰質（Calcaric） 湿性（Aquic） 普通（Haplic）
固結岩屑土 Lithosols	石灰質（Calcaric） 湿性（Aquic） 普通（Haplic）
陸成未熟土 Terrestrial Regosols	泥灰岩質（Marlitic） 石灰質（Calcaric） 花崗岩質（Granitic） 軟岩型（Para-lithic） 普通（Haplic）

付・3－5　日本土壌分類体系（2017）の土壌群と他の土壌分類との対比

日本土壌分類体系(2017)	包括1次試案（2011）	林野土壌分類（1975）
A.【造成土大群】	【造成土大群】	
人工物質土	人工物質土	該当なし
盛土造成土	盛土造成土	該当なし
B.【有機質土大群】	【有機質土大群】	
泥炭土	泥炭土	泥炭土亜群
C.【黒ボク土大群】	【黒ボク土大群】	
ポドゾル化黒ボク土	該当なし	黒色土亜群，淡黒色土亜群，褐色森林土亜群の一部（ただし，分析値がないと不可）
未熟黒ボク土	未熟黒ボク土	黒色土亜群，淡黒色土亜群，褐色森林土亜群の一部（ただし，分析値がないと不可）
グライ黒ボク土	グライ黒ボク土	黒色土亜群，淡黒色土亜群，褐色森林土亜群の一部（ただし，分析値がないと不可）
多湿黒ボク土	多湿黒ボク土	黒色土亜群，淡黒色土亜群，褐色森林土亜群の一部（ただし，分析値がないと不可）
非アロフェン質黒ボク土	非アロフェン質黒ボク土	黒色土亜群，淡黒色土亜群，褐色森林土亜群の一部（ただし，分析値がないと不可）
アロフェン質黒ボク土	アロフェン質黒ボク土	黒色土亜群，淡黒色土亜群，褐色森林土亜群の一部（ただし，分析値がないと不可）

WRB (2006)	Soil Taxonomy (2010)
Technosols, Regosols	(Entisols)
Technosols	(Udorthents)
Regosols (Transportic)	(Udorthents)
Histosols	Histosols
Histosols	Histosols
Andosols	Andisols
Silandic Andosols	Udands
Aluandic Andosols	
Vitric Andosols	Vitrands, Aquands
Gleyic Silandic Andosols	Aquands
Gleyic Aluandic Andosols	
Gleyic Silandic Andosols	Aquands
Gleyic Aluandic Andosols	
Aluandic Andosols	Alic Hapludands
	Melanudands
Silandic Andosols	Udands

付・3－5　つづき

日本土壌分類体系(2017)	包括1次試案（2011）	林野土壌分類（1975）
D.【ポドゾル大群】	【ポドゾル大群】	
ポドゾル	ポドゾル	乾性ポドゾル亜群，湿性鉄型ポドゾル亜群，湿性腐植型ポドゾル亜群の一部（P_DⅢ，P_W(i)Ⅲ，P_W(h)Ⅲは形態では外れる）
E.【沖積土大群】	【低地土大群】	
沖積水田土	低地水田土	該当なし
グライ沖積土	グライ低地土	グライ亜群の一部
灰色沖積土	灰色低地土	該当なし
褐色沖積土	褐色低地土	該当なし
未熟沖積土	未熟低地土	該当なし
F.【赤黄色土】	【赤黄色土】	
粘土集積赤黄色土	粘土集積赤黄色土	赤色土亜群，黄色土亜群，火山系暗赤色土亜群，非塩基系暗赤色土亜群の一部
風化変質赤黄色土	風化変質赤黄色土	赤色土亜群，黄色土亜群，火山系暗赤色土亜群，非塩基系暗赤色土亜群の一部

WRB (2006)	Soil Taxonomy (2010)
Podzols	Spodosols
Podzols	Spodosols
Fluvisols, Anthrosols	Inceptisols, Entisols
Fluvic Hydragric Anthrosols	Anthraquic Eutrudepts
	Aeric Epiaquepts
Gleyic Fluvisols	Aquents, Aquepts
Gleyic Fluvisols	Aquepts, Aquents
Haplic Fluvisols	Udifluvents, Psamments
Haplic Fluvisols	Udifluvents, Psamments
Alisols, Acrisols, Cambisols	Ultisols, Inceptisols
Alisols, Acrisols	Udults
Cambisols	Udepts

付・3-5 つづき

日本土壌分類体系(2017)	包括1次試案(2011)	林野土壌分類(1975)
G.【停滞水成土大群】	【停滞水成土大群】	
停滞水グライ土	停滞水グライ土	偽似グライ亜群
疑似グライ土	疑似グライ土	偽似グライ亜群
H.【富塩基土大群】	【暗赤色土大群】	
マグネシウム型富塩基土	塩基性暗赤色土	塩基系暗赤色土
カルシウム型富塩基土	石灰性暗赤色土	塩基系暗赤色土
I.【褐色森林土大群】	【褐色森林土大群】	
褐色森林土	褐色森林土	褐色森林土亜群，赤色系褐色森林土亜群，黄色系褐色森林土亜群，暗色系褐色森林土亜群，非塩基系暗赤色土亜群の一部
J.【未熟土大群】	【未熟土大群】	
火山放出物未熟土	火山放出物未熟土	未熟土
砂質未熟土	砂質未熟土	未熟土
固結岩屑土	固結岩屑土	未熟土
陸成未熟土	陸成未熟土	未熟土

備考）酸性暗赤色土群（包括1次試案）あるいは火山系暗赤色土亜群（林野土壌分類）の一部は，特性に応じて各大群へ分類する。

WRB (2006)	Soil Taxonomy (2010)
Gleysols, Stagnosols, Anthrosols	Inceptisols, Ultisols, Entisols
Gleysols, Anthrosols	Epiaquepts, Endoaquepts, Endoaquents
Stagnosols, Gleysols	Aquepts, Aquults, Aquents
Luvisols, Cambisols	Udalfs, Udepts
Luvisols, Cambisols	Udalfs, Udepts
Luvisols, Cambisols	Udalfs, Udepts
Cambisols, Stagnosols	Udepts
Cambisols, Stagnosols	Udepts
Regosols, Arenosols, Leptosols, Phaeozems	Entisols, Mollisols
Regosols (Tephric)	Orthents
Arenosols	Udipsamments
Leptosols	Udorthents, Rendolls
Regosols, Leptosols, Phaeozems	Udorthents

付・4　日本における第四紀後期の編年

付・4－1　日本における第四紀後期の編年と環境変動

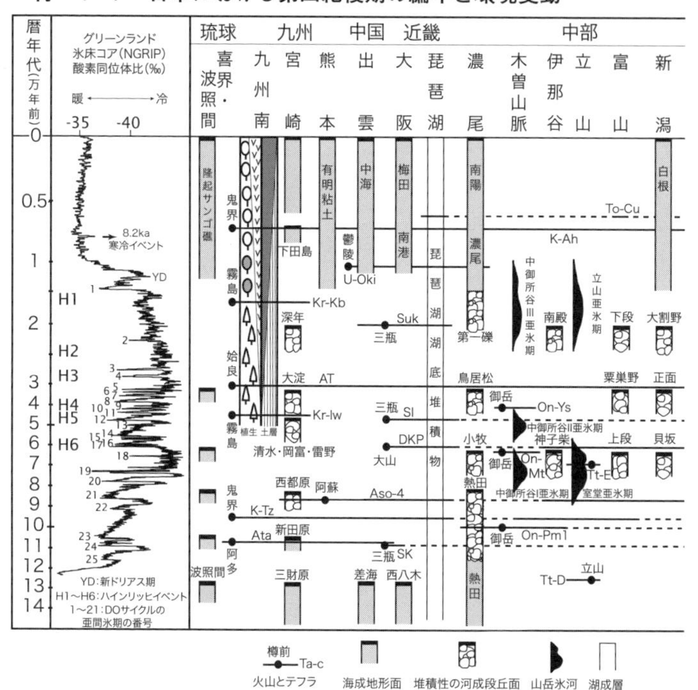

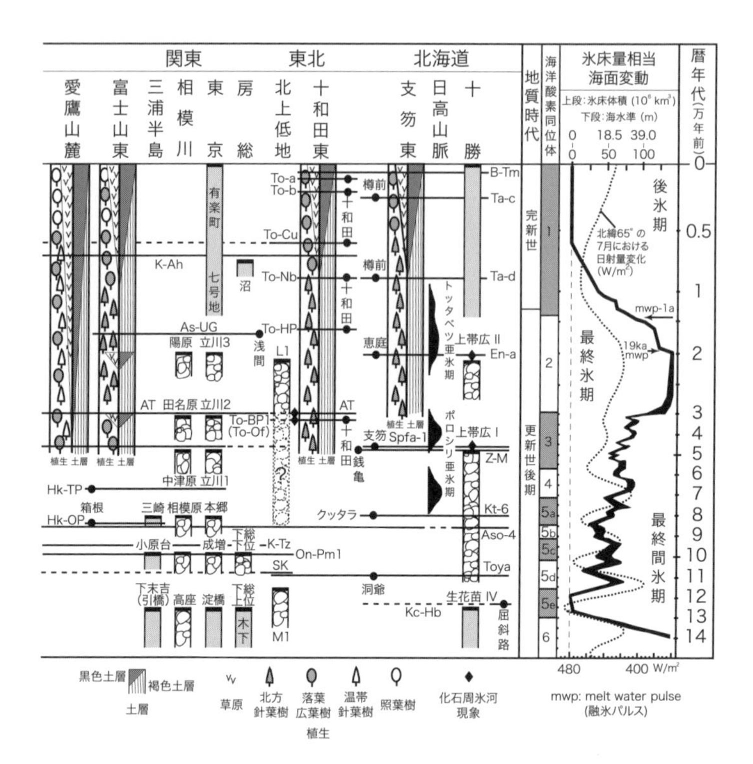
関東
東北
北海道
愛鷹山麓
富士山東
三浦半島
相模川
東京
房総
北上低地
十和田東
支笏東
日高山脈
十勝
地質時代
海洋酸素同位体
氷床量相当海面変動
上段:氷床体積 (10⁶ km³)
下段:海水準 (m)
暦年代(万年前)
完新世
更新世後期
後氷期
最終氷期
最終間氷期
北緯65°の7月における日射量変化(W/m²)
mwp-1a
19ka mwp
トッタベツ亜氷期
ポロシリ亜氷期
K-Ah
As-UG
AT
Hk-TP
Hk-OP
K-Tz
On-Pm1
SK
To-a
To-b
To-Cu
To-Nb
To-HP
To-BP1
(To-Of)
B-Tm
Ta-c
Ta-d
En-a
Spfa-1
Z-M
Kt-6
Aso-4
Toya
Kc-Hb
有楽町
七号地
沼
陽原
立川3
田名原
立川2
中津原
立川1
浅間
箱根
三崎
相模原
本郷
小原台
成増
下総下位
下末吉(引橋)
高座
淀橋
下総上位
木下
L1
M1
樽前
十和田
恵庭
支笏
銭亀
クッタラ
洞爺
上帯広 II
上帯広 I
生花苗 IV
屈斜路
植生
土層
黒色土層
褐色土層
土層
草原
北方針葉樹
落葉広葉樹
温帯針葉樹
照葉樹
植生
化石周氷河現象
mwp: melt water pulse
(融氷パルス)
480
400 W/m²

付・4－2　日本における第四紀後期の主要降下テフラの年代と特徴[※1]

給源の地域	火山・テフラ名[※2]	記号	年代[※3]	主な鉱物[※4]
北海道西部	樽前 a	Ta-a	AD1739(H)	opx, cpx
	駒ヶ岳 c 2	Ko-c2	AD1694(H)	opx, cpx
	樽前 b	Ta-b	AD1667(H, A)	opx, cpx
	有珠 b	Us-b	AD1663(H)	(opx, cpx, ho, qt)
	駒ヶ岳 d	Ko-d	AD1640(H)	opx, cpx
	樽前 c	Ta-c	2.5～3 (A, C)	opx, cpx, (ol)
	駒ヶ岳 g	Ko-g	6.5～6.6(C)	opx, cpx
	樽前 d	Ta-d	8 ～9 (C)	opx, cpx, (ol)
	恵庭 a	En-a	19～21(C)	opx, cpx
	支笏第 1	Spfa-1	46 (OI, C)	opx, ho, (cpx), qt
	銭亀女那川	Z-M	＞46 (ST)	ho, cum, (opx), qt
	クッタラ第 6	Kt-6	75～85(ST)	opx, cpx
	洞爺	Toya	110 (OI, ST)	(opx, cpx, ho, qt)
北海道東部	摩周 b	Ma-b	＜AD10世紀(ST)	(opx, cpx)
	摩周 f～j	Ma-f～j	7.5～8 (C, V)	opx, cpx
	摩周 l	Ma-l	＞14 (C)	opx, cpx
	クッチャロ羽幌	Kc-Hb	115～120 (FT, ST)	opx, cpx
東北	十和田 a	To-a	AD915(H, C, A)	opx, cpx, ob
	十和田 b	To-b	ca. 2 (C)	opx, cpx
	十和田中掫	To-Cu	5.9または6.2 (C, ST, V)	opx, cpx
	十和田南部	To-Nb	8.6 (C)	opx, cpx
	肘折尾花沢	Hj-O	11～12(C)	opx, ho, qt
	十和田八戸	To-HP(To-H)	15.5(OI, C)	opx, cpx, ho, (qt)
	十和田ビスケット1降下軽石(十和田大不動)	To-BP1 (To-Of)	＞32 (C, OI)	opx, cpx
北関東	浅間 A	As-A	AD1783(H)	opx, cpx, (ol)
	浅間 B	As-B	AD1108(H, A)	opx, cpx
	榛名二ツ岳伊香保	Hr-FP	AD6世紀中葉(A)	ho, opx
	榛名二ツ岳渋川	Hr-FA	AD6世紀初頭(A)	ho, opx, cd
	浅間 C	As-C	AD4世紀中葉(A)	opx, cpx
	浅間 D	As-D	4.5～5.5(A)	opx, cpx
	男体七本桜 / 今市	Nt-S/Nt-I	14～15(C)	opx, cpx, (ho), qt/cpx, opx, ol
	浅間草津 / 板鼻黄色 / 立川ローム上部ガラス質	As-K/As-YP/UG	16.5 ～ 17 (C, ST)	opx, cpx
	浅間白糸	As-Sr	20 (ST, C)	opx, cpx, (ho)
	赤城鹿沼	Ag-KP	＞45 (C, ST)	ho, opx, (cpx)

火山ガラスタイプ※5	備考※6(分布と編年上の意義)
pm	北海道中央部と東部に分布。アイヌ文化期。
pm	十勝平野から根釧台地に分布。アイヌ文化期。
pm	十勝平野南部にまで分布。アイヌ文化期。
pm	十勝平野南部にまで分布。アイヌ文化期。
pm	渡島半島に分布。アイヌ文化期。
pm	十勝平野中央部から南部にまで分布。縄文晩期。
pm	十勝平野、根釧台地に分布。縄文前期。
pm	十勝平野中央部にまで分布。縄文早期。
pm	十勝平野南部にまで分布。MIS2（最終氷期最盛期)。
pm, bw	渡島半島を除く北海道に広く分布。支笏火砕流（Spfl）と同時。MIS3(最終氷期)。
	日高、十勝平野まで分布。MIS3。
pm	日高、十勝平野まで分布。MIS5a。
pm, bw	北海道全域と東北北部まで広く分布。洞爺火砕流（Toya）と同時。MIS5e（最終間氷期最盛期）海成面。
pm	斜里平野に分布。
pm	根釧台地に分布。従来の摩周 f～j は同一噴火輪廻。摩周 f は火砕流。
	根釧台地に分布。
bw	石狩平野以東の北海道に広く分布。屈斜路 IV 火砕流（KPIV）と同時。MIS5e 海成面。
pm	東北全域に分布。平安時代。
pm	岩手北部に分布。弥生時代。
pm	東北北部を中心に富山まで分布。縄文前期。
pm	岩手北部に分布。縄文早期。
pm	仙台平野にまで分布。縄文草創期と縄文早期の境界。
pm	八戸周辺を中心に東北北部に広く分布。十和田八戸火砕流（To-H）と同一噴火輪廻。MIS2 末期。
pm, bw	八戸周辺を中心に東北北部に広く分布。十和田大不動火砕流（To-Of）と同一噴火輪廻。MIS3。
pm	群馬に分布。江戸時代。
pm	群馬に分布。江戸時代。
pm	東北南部まで分布。古墳時代。
pm	北関東に分布。古墳時代。
pm	群馬に分布。古墳時代。
pm	群馬に分布。縄文中期。
pm	従来の七本桜（上部鹿沼土）と今市（今市土）は同一噴火輪廻。縄文草創期。
pm, ch	北関東と南関東に分布。従来の草津、板鼻黄色、立川ローム上部ガラス質は同一噴火輪廻。旧石器時代末期。
pm	群馬北部・栃木に分布。後期旧石器時代。
pm	群馬・栃木・茨城に分布。園芸用に鹿沼土として利用。

付・4－2　日本における第四紀後期の主要降下テフラの年代と特徴[※1]（つづき）

給源の地域	火山・テフラ名[※1]	記号	年代[※2]	主な鉱物[※3]
南関東	富士宝永	F-Ho	AD1707(H)	ol, cpx
	天城カワゴ平	Kg	BC1196～1177(A, C, V)	ho, opx, ob, vitric
	箱根東京	Hk-TP	66（ST）	opx, cpx, (ol)
	箱根小原台	Hk-OP	80～85(ST)	opx, cpx, (ol)
中部	御岳屋敷野	On-Ys	40（ST）	opx, cpx
	御岳三岳	On-Mt	60～65(ST)	opx, cpx
	立山E	Tt-E	60～75(ST)	opx, ho, cpx, (bi)
	御岳第 1	On-Pm1	95～100（FT, ST）	ho, bi, (opx)
	立山D	Tt-D	120～130（U, ST）	opx, ho, cpx, bi, qt
中国	三瓶浮布	SUk	20（C, V）	ho, bi, qt
	三瓶池田	SI	46（ST, V）	bi, ho, qt
	大山倉吉	DKP	60(U, ST, V)	opx, ho, (bi)
	三瓶木次	SK	105～110(ST)	bi, qt
九州	桜島3（文明）	Sz-3	AD1471(H)	opx, cpx
	霧島御池	Kr-M	4.6（C）	opx, cpx, (ho)
	池田湖	Ik	6.4（C）	ho, opx, cpx, qt
	鬼界アカホヤ	K-Ah	7.3（C, V）	opx, cpx
	桜島薩摩	Sz-S	12.8（C）	opx, cpx
	霧島小林	Kr-Kb	< 16.7（C）	opx, cpx
	姶良Tn	AT	30（C, V）	opx, cpx, (qt)
	霧島アワオコシ	Kr-Aw	40～45(ST)	opx, cpx
	霧島イワオコシ	Kr-Iw	40～45(ST)	cpx, opx
	阿蘇 4	Aso-4	86～87（OI, ST, KA）	ho, opx, cpx
	鬼界葛原	K-Tz	95（ST, TL）	opx, cpx, qt
	阿多	Ata	105（KA, ST）	opx, cpx, (ho)
朝鮮半島・鬱陵島	白頭山苫小牧	B-Tm	AD946(A, C)	af, (am, cpx)
	鬱陵隠岐	U-Oki	10.2（C, V）	af, am, bi, cpx,

[※1]新編火山灰アトラス（町田・新井、2003）に基づく（年代の一部は最新のものに修正）。[※2]太字は分布面積が約 50,000 km^2 以上の広域テフラ。[※3]AD は紀元後、BC は紀元前、それ以外は×10^{3}年。括弧内の記号は年代測定方法を示す（H：文献歴史学、A：考古学遺物法、C：放射性炭素年代（暦年較正値）、FT：フィッショントラック法、KA：カリウムアルゴン法、OI：酸素同位体層序、ST：放射年代値との層位関係、U：ウラン系列法、V：湖沼年縞法）。[※4]af：アルカリ長石、am：角閃石類、cum: カミントン閃石、ho：普通角閃石、opx：斜方輝石、cpx：単斜輝石、bi：黒雲母、ol：かんらん石、qt：石英、ob：黒曜石、cd：菫青石、vitric：ガラス質。括弧内は少量。

火山ガラスタイプ※4	備考（分布と編年上の意義）※5
スコリア	南関東に分布。江戸時代に生じた富士山の最新の噴火。
pm	伊豆半島から琵琶湖まで分布。縄文後期～晩期。
pm	南関東に分布。MIS5a 海成面。
pm	南関東に分布。MIS5c 海成面。
スコリア	長野南部に分布。MIS4 の中部山岳の氷河地形・堆積物。
スコリア	長野南部に分布。MIS4 の中部山岳の氷河地形・堆積物。
	長野北部に分布。MIS4 の中部山岳の氷河地形・堆積物。
pm,（bw）	関東・東北まで広く分布。MIS5c 海成面。
	長野北部に分布。MIS6 の中部山岳の氷河地形・堆積物。
pm	中国山地から近畿、濃尾平野まで広く分布。MIS2。
pm	愛鷹、南関東まで分布。MIS3。
pm	北陸・信州・北関東まで広く分布。MIS4 の中部山岳の氷河地形・堆積物。
pm	日本海沿岸を中心に東北まで広く分布。MIS5e 海成面。
pm	鹿児島に分布。室町時代。
pm	宮崎南部に分布。縄文中期。
pm	大隅半島に分布。縄文前期。
bw, pm	関東・東北北部まで広く分布。幸屋降下軽石（K-KyP)、幸屋（竹島）火砕流（K-Ky）と同一噴火輪廻。MIS1（後氷期）高海面期。縄文早期・前期。
pm	鹿児島に分布。従来の桜島古期群のSz-14。縄文草創期～早期。
	宮崎平野に分布。
bw, pm	関東・東北北部まで広く分布。大隅降下軽石（A-Os)、妻屋火砕流（A-Tm)、入戸火砕流（A-Ito）と同一噴火輪廻。MIS 2/3 、後期。旧石器時代。
スコリア	宮崎平野に分布。
	宮崎平野に分布。
bw, pm	関東・東北・北海道北部まで広く分布。阿蘇 4 火砕流（Aso-4 ）と同時。MIS5c 海成面。
bw, pm	関東・東北まで広く分布。長瀬火砕流（K-Ns）と同時。MIS5c 海成面。
bw, pm	九州南方から関東まで広く分布。阿多火砕流（Ata）と同時。MIS5e 海成面。
bw, pm	北海道と東北北部まで広く分布。平安時代および擦文文化期。
pm	日本海南部から近畿地方に広く分布。直後から急激な海面上昇と対馬暖流の日本海への流入。

※5pm：軽石型、bw：バブル壁型、ch：塊状ガラス。※6MIS 数字・記号は海洋酸素同位体による層序を示す。

付・5　森林と気象の指標

付・5－1　日本の水平的森林帯

吉　良 (1949)	山　中	平均気温 (℃)	暖かさの指数* (吉良)
常緑針葉樹林帯	亜寒帯林	＜6	15～(45～55)
温帯落葉樹林帯	冷温帯林	6－13	(45～55)～85
暖帯落葉樹林帯	中間温帯林(鈴木)	－	－
照葉樹林帯	暖温帯林	13－21	85～180
	亜熱帯林	21＜	180～240

＊生態学辞典（沼田真編，1983）

付・5－2　垂直区分と代表的な森林（関東・中部地方）*

垂直区分	海抜高	代表的な森林
低山帯	600～700 m 以下	常緑広葉樹林，人為のため断片的にしかみられない。山地帯との境が不鮮明
山地帯	～1,600 m 内外	ブナをはじめとする落葉広葉樹林帯，ブナ帯ともいう
亜高山帯	～2,400～2,500 m	シラベ，アオモリトドマツ，コメツガなど常緑針葉樹林
高山帯	2,400～2,500 m 以上	ハイマツ群落が代表的

＊森林土壌の調べ方とその性質（森林土壌研究会編，1982）

付・5－3　日本山地の垂直植物帯（吉良, 1949）

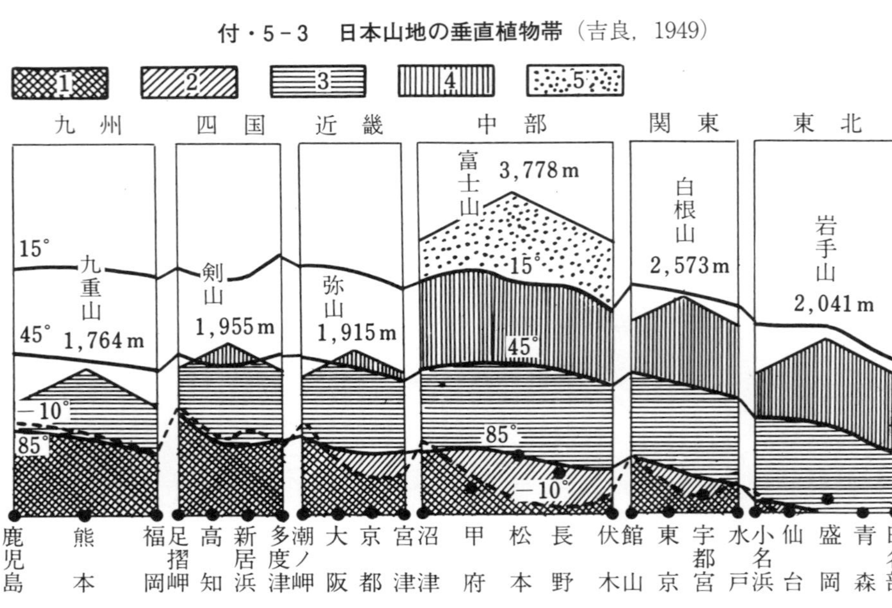

1：照葉樹林帯　2：暖帯落葉樹林帯　3：温帯落葉樹林帯　4：針葉樹林帯　5：高山帯
15°, 45°, 85°；暖かさの指数, −10°；寒さの指数

付・5－4　暖かさの指数と寒さの指数の分布（吉良，1949による）

——（実線）；暖かさの指数，-----（破線）；寒さの指数

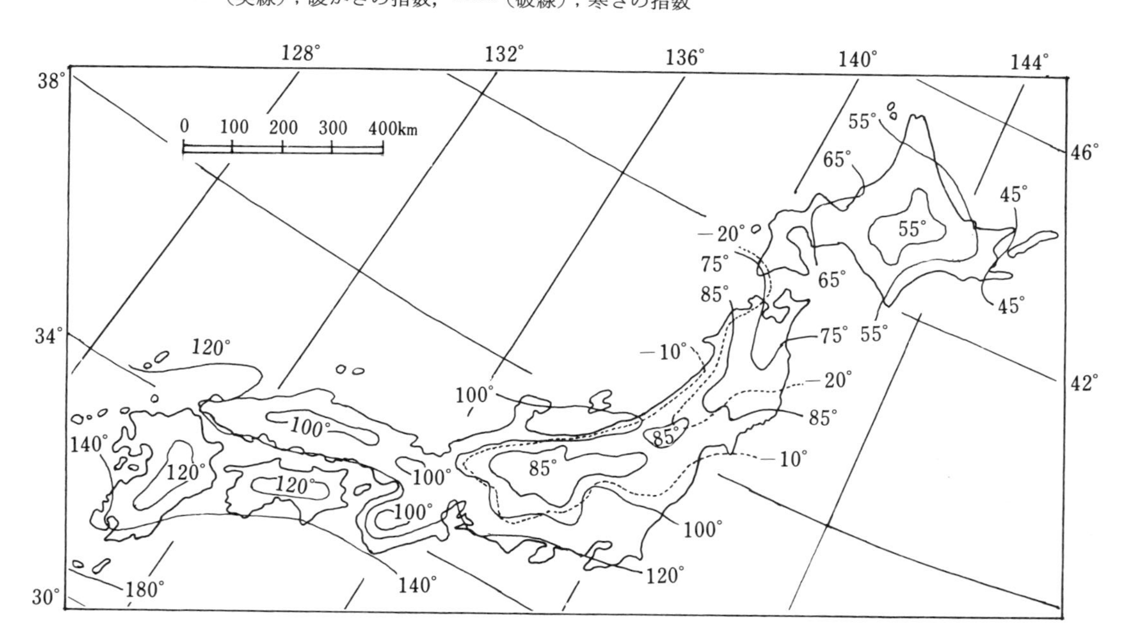

付・5－5　土壌の乾・湿を示す指標植物（森林総合研究所）

乾　性	アセビ，シャクナゲ，リョウブ，イワカガミ，ツガ，コウヤマキ，ヒメコマツ，スダシイ，アカマツ，モミ，ヒサカキ
弱乾性	ハギ，ツバキ，ヒサカキ，モミ，シシガシラ
適潤性	サザンカ，アラカシ，ムラサキシキブ，チヂミザサ，シラカシ，イタヤカエデ
弱湿性	リョウメンシダ，オシダ，タマアジサイ，アオキ，サワアジサイ，ケヤキ，トチノキ，カツラ
湿　性	ネジバナ，ハンゴンソウ，サワグルミ，ヤチダモ，イタドリ，ヤマドリゼンマイ
泥炭地植物	低位泥炭地（ヨシ，マコモ，ガマ，ハンノキ，ヤチダモ，ヤマドリゼンマイ） 中間泥炭地（ヌマガヤ，ワタスゲ等） 高位泥炭地（ミズゴケ，ホロムイスゲ，ヒメシャクナゲ，ツルコケモモ，ヤチヤナギ等）

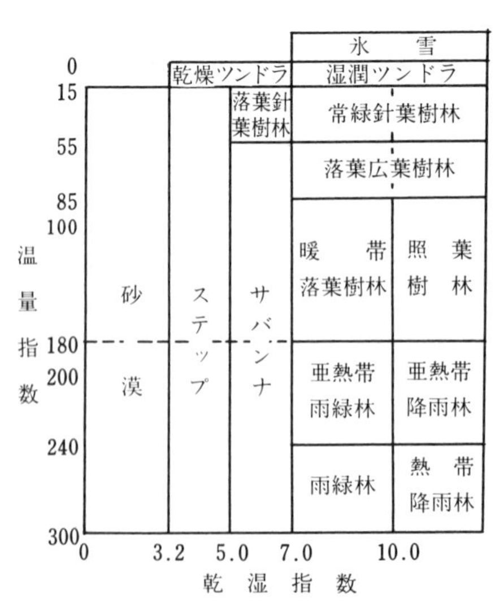

付・5－6
世界の気候条件と植物帯
（今西ら，1953より）

付・5－7　純放射と放射乾燥指数

Budyko（1956）は熱収支気候学的視点から，放射乾燥指数 R_1 を次のように定義した。

$$R_1 = Rn/l \cdot r$$

R_1 は，降雨をすべて蒸発させるのに必要な熱量 $l \cdot r$〔水1gの蒸発を要する潜熱（l）×降水量（r）〕と純放射 R_n の比をとった無次元数で，$R_1 > 1$ なら乾燥を，$R_1 < 1$ なら湿潤を意味し，$R_1 = 1$ のときに乾湿が平衡した状態を示すことになる。Budyko は R_n と R_1 によって地理帯の相互関係を下図のように示している。R_1 は地域・季節のいかんを問わず同じ内容をもつ指数として用いることができる（佐久間ら 1970）。

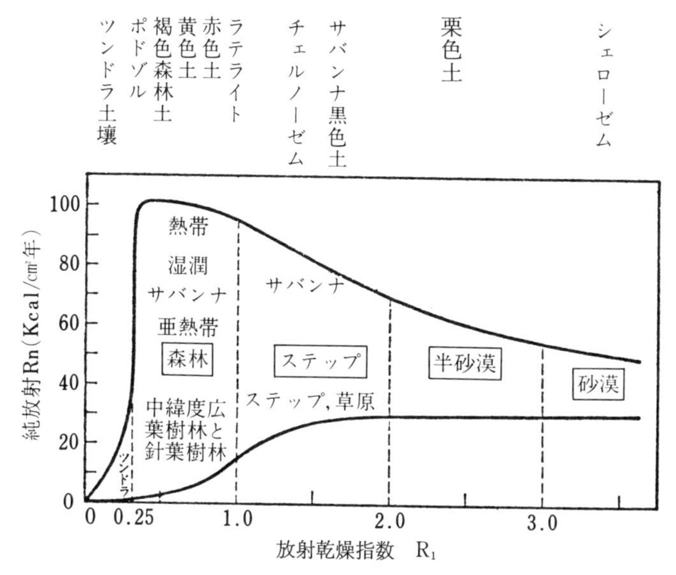

純放射と放射乾燥指数による植物地帯区分および植物地帯区分と土壌の対応（Budyko 1971 より）

付・5－8　純放射（水面）分布図（単位：kly/年＝Kcal/cm^{2}年）（内嶋，1959）

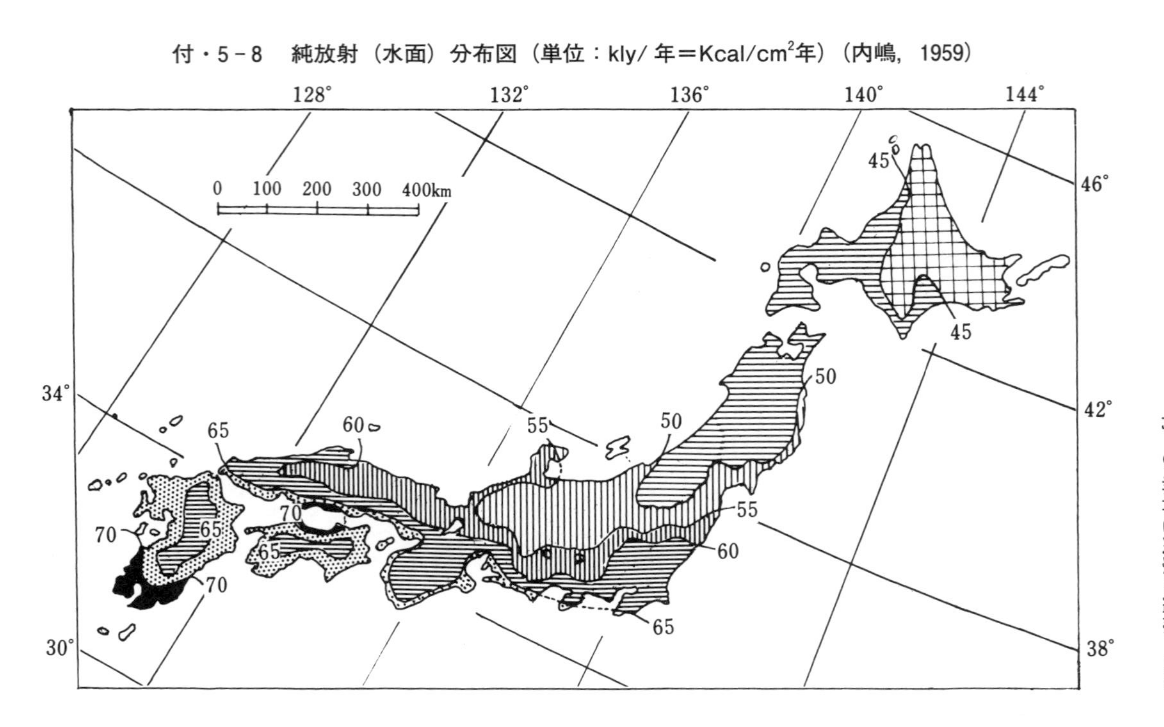

付・6　泥炭構成植物（三宅，1969）

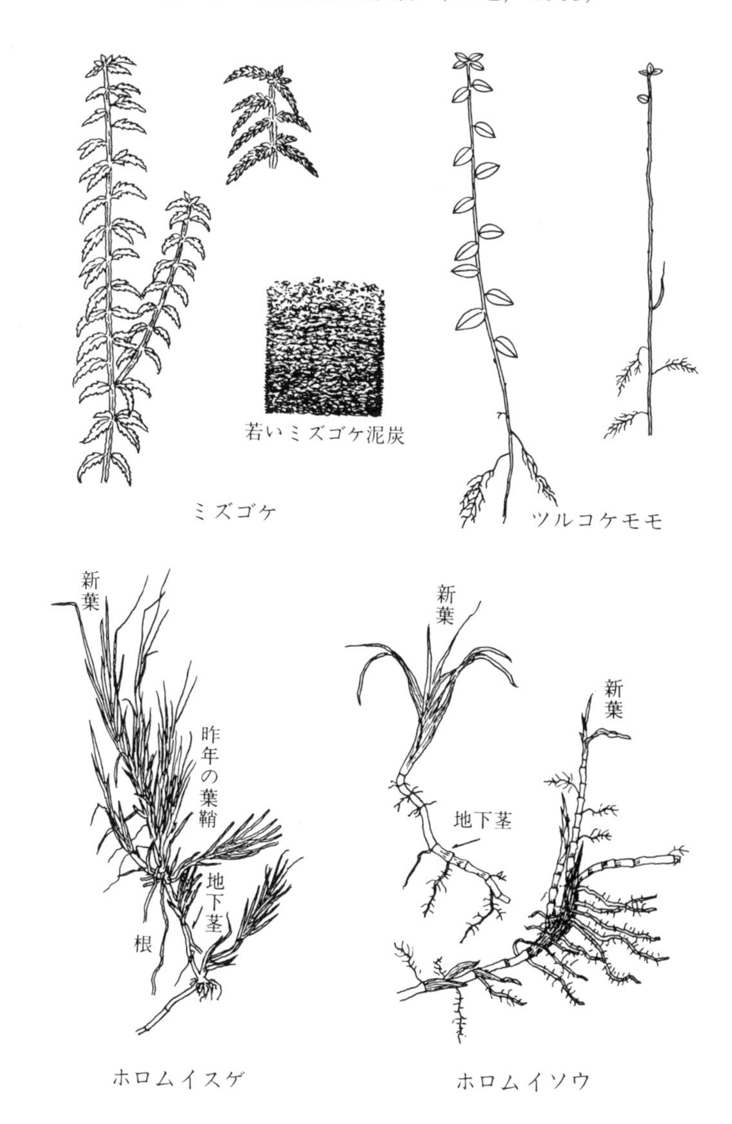

a
c → b → a と地下茎
の内容が分解して,
表皮のみがのこる
新芽
b
c
低位泥炭中の
地下茎皮
地下茎
ヨシ
昨年の桿基部
ヌマガヤ
昨年の毬果
ハンノキ
泥炭中の枝
ハンノキの枯枝
ハンノキ
花穂
泥炭化した
ワタスゲの葉鞘
新葉
昨年の葉鞘
一昨年の葉鞘
ワタスゲ
根塊の切断面
地下茎の断面
茎の基部
ヤマドリゼンマイ

付・7 植生の記載法

植生の記載には，植物社会学的方法（Braun-Blanquet 法）と枠法（コドラート法）による記載法があるが，ここでは，枠法の簡便調査法による記載について説明する。

1） 草原

（1） 調査地点に1m×1mの枠を置き，その中の全種類の植物をリストアップする。不明な種については，仮ナンバーを付けておき，後日，図鑑などにより同定する。

（2） 次に，おのおのの植物の種類ごとに枠内の被度（枠を被っている面積割合）を次の基準で記載する。

付・7－1 Penfound 法の被度階級（林，1990）

被度	植物の被覆面積
+	地表面の 1％以下を占める。
1’	〃 1％～ 5％までの被覆
1	〃 6％～ 25％までの被覆
2	〃 26％～ 50％までの被覆
3	〃 51％～ 75％までの被覆
4	〃 76％～100％までの被覆

（3） おのおのの植物の種類ごとに群落内の一番高い個体の高さ（草丈の長さではない）を測定する。以上のことを5～10個のコドラートについて行う。

（4） 室内において，以下の式により積算優占度（SDR）を算出する。

SDR＝（C’＋H’＋F’）／3（％）

C’：被度の比数（最大値を100としたときの比率）

H’：高さの比数

F’：頻度の比数

2） 森林

（1） 林内に10 m×10 mのコドラートをつくる。

（2） 林内の草本層について上記と同様の調査を行う。

（3） 林内の低木層についてコドラート内の種類ごとの本数を測定し，密度を算出する。

（4） 林内の高木層について各個体の胸高直径と樹高を測定する。

以上のようにして，植生調査を行う。植生調査のまとめの一例を表に示した。このような表にまとめると，各階層にどのような植物が優占しているかが一目でわかる。なお，詳細は文献（林，1990）*を参照されたい。

付・7－2 アカマツ林の種類組成（林，1990）

	高木層		低木層	草本層
種　名	平均 DBH（cm）	個体数 本/400 m^2	個体数 本/400 m^2	積算優占度
アカマツ	11.3	139	－	－
ミズナラ		－	133	50
ヤマウルシ		－	98	27
マメザクラ		－	44	22
ミズキ		－	30	28
イボタノキ		－	23	36
カンボク		－	14	－
ズミ		－	9	7
シラカンバ		－	5	4
ミヤマガマズミ		－	5	－
マユミ		－	4	5
ヤマザクラ		－	2	－
アオハダ		－	2	－
ヤマブドウ		－	2	24
アキノキリンソウ		－	－	74
クマイザサ		－	－	74
ツルウメモドキ		－	－	61
ニガナ		－	－	46
ワレモコウ		－	－	39
ノイバラ		－	－	32
ススキ		－	－	28
オオバギボウシ		－	－	27

* 林　一六（1990）：植生地理学，大明堂

付・8　土壌断面標本（モノリス）の作製法

土壌断面標本を土壌モノリスという。モノリスには，土壌断面をそのまま木箱に納めた柱状土壌モノリス，樹脂で裏打ちして薄く剥いでつくった薄層土壌モノリスおよび，各層位から土壌をとって小箱に納めたマイクロモノリスがある。完全なものを永久保存するためには，薄層土壌モノリスがもっともすぐれている。

付・8－1　野外での柱状土壌モノリス採取

1）試坑を掘り，採取面をねじり鎌，包丁などで平滑に削る。

2）木製モノリス箱（図参照）の表と裏の蓋をはずし，採取面に当て，内面に沿って包丁で線を入れる。この線に沿って掘り込み，たて，よこがモノリス箱と同じで，奥行きが3～5 cm深い柱状土壌断面（土柱）をつくる。

3）土柱に木箱を押しはめ，箱からはみ出た部分をきれいに削り落とし裏蓋をする。

4）箱を支えながら，土柱の奥をくさび形に掘り込み，両側から1/3程度ずつ掘り込んだところで，箱の下端を足で奥の方へ押し，上部からスコップをゆっくり押し込み，土柱を切り離す。採取した柱状モノリスは，表面を平らに削り，表蓋をする。

5）木箱に入った柱状モノリスを送るときは，エアキャップと巻段ボールでそれぞれ二重に巻いて梱包する。

6）柱状モノリスは，乾燥するとひび割れし，展示にたえなくなるので，薄層モノリスに加工して保存した方がよい。

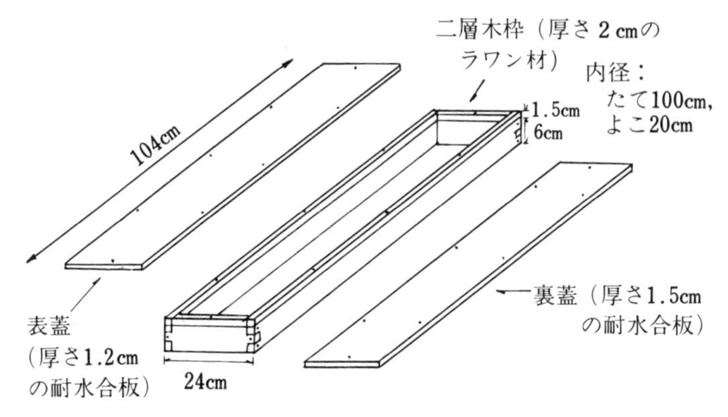

木製土壌モノリス箱（浜崎・三土，1983）

付・8－2　室内での薄層土壌モノリス作製

1）柱状モノリスの入った木箱の表蓋を開け，大きな亀裂や凸凹をていねいに埋めて平らにする。

2）断面よりたて，よことも10 cm 程度大きい裏打ち布（寒冷紗等）を当て，ウレタン系樹脂（トマック NS-10）を塗布，布を断面の大きさに折り返し，さらに樹脂の全量を塗布する。

3）2－3時間放置，硬化後2層になっている上部（厚さ1.5 cm）の枠のねじを外し，下部の枠との間に3 mm 程度のすき間をつくる。このすき間に沿って両刃鋸で一方の端から切り進みながら剥ぎ取る。この作業は2人以上で行う。次に剥ぎ取った薄層断面と接着している木枠をカッターで切り離す。

4）2層になっていないモノリス箱の場合は，樹脂硬化後，接着している木枠と土柱をカッターで切り離した後，下方から断面と同じ大きさの厚さ1.5cm の発砲スチロール板を当て，断面を押し上げる。この押し上げた部分を両刃鋸で切りながら剥ぎ取る。

5）剥ぎ取った薄層断面は，エポキシ系樹脂を塗布したマウンティングボード（ベニヤ板製の適当なもの）に移し，表面を包丁（ナイフ）であらく平坦に整えた後，重しをして放置，固定する。

6）最後の仕上げは，ナイフまたはカッターを用いて整形し，自然

の形態，構造になるべく近づける。一夜放置し，再度表面を整形した後，普通5倍の水でうすめ，1％相当の中性洗剤を加えた木工用ボンドCH18を，全面に駒込ピペットで2～3回滴下し，1日以上放置，乾燥させる。乾いた状態で断面を立ててもが崩れ落ちなくなるまで，この操作を数回繰り返す。

7）木工用ボンドの滴下だけで土の濡れ色が十分に出ない時は，ビニライトVYHH（エスレックC，積水化学製でも可）3～10％希釈液をスプレーする。

付・8－3　野外で直接薄層土壌モノリスを作製する方法

1）試坑の採取面は，樹脂ののりをよくするために，10°程度の傾斜をつくり，樹脂の塗布する範囲に色をつける。

2）ウレタン系樹脂（トマックNS-10）2000 cm^2当たり500 gを刷毛を用いて，断面の上部から下部へ，ベニヤ板を断面に垂直に当てて流れ落ちる樹脂を受けとめながら塗布する。一通り塗布したら，裏打ち布を当て，刷毛でよく密着させ，さらにその上から残りの樹脂を塗布する。この樹脂は水に反応して硬化するので塗布後スプレーで水を散布し，白い膜を作る。1～2時間で硬化する。

3）樹脂の硬化後，採取面の両側を掘り込み，ついで左右から内側へ，採取断面の厚さを4～5 cmに保って切り込む。上方からスコップを押し込み，剥ぎとる。

4）作業室へ持ち込み，付・8－2の5）～7）にしたがって薄層土壌モノリスを作る。

付・8－4　マイクロモノリスの採取

簡略なモノリスでよければ，マイクロモノリスを採取する。土壌断面の各層位から小試料を採取し，層位順にいくつもの仕切りのついた小箱に納めるか，樹脂で固め台紙に貼る。各層の厚さを実際の1/6～1/4に縮めて並べる場合もある。

付・9　土壌調査関係参考図書

土壌調査法関係

森林土壌研究会編（1993）：森林土壌の調べ方とその性質（改訂版），林野弘済会，東京.
農林水産省農蚕園芸局農産課編（1979）：土壌環境基礎調査における土壌，水質及び作物体分析法，（附）現地調査法，土壌保全調査事業　全国協議会，東京.
土壌調査法編集委員会編（1978）：土壌調査法，博友社，東京.
FAO（2006）：Guidelines for Soil Description, Fourth Edition, FAO, Rome.
Soil Science Division Staff（2017）: Soil Survey Manual, USDA Handbook No. 18, U. S. Government Printing Office, Washington, DC.

土壌分類関係

日本ペドロジー学会第五次土壌分類・命名委員会（2017）：日本土壌分類体系，1-53.
土じょう部（1976）：林野土壌の分類 1975，林試研報，No. 280，128.
小原 洋・大倉利明・高田裕介・神山和則・前島勇治・浜崎忠雄（2011）：包括的土壌分類－第 1 次試案，農環研報，第 29 号，1-73.
IUSS Working Group WRB（2015）.：World Reference Base for Soil Resources 2014, update 2015 International soil classification system for naming soils and creating legends for soil maps. World Soil Resources Reports No. 106. FAO, Rome.
Soil Survey staff（2014）：Keys to Soil Taxonomy, Twelfth Edition, USDA, NRCS, p. 1-338, Washington, DC.

その他

松井 健（1988）：土壌地理学序説，築地書館.
永塚鎭男（2014）：土壌生成分類学　改訂増補版，養賢堂.
日本の森林土壌編集委員会編（1983）：日本の森林土壌，日本林業技

術協会.
農林水産省農産園芸局監修（1991）：日本の農耕地土壌の実態と対策 新訂版，土壌保全調査事業全国協議会編，博友社，東京.

付・10　土壌研究・調査関係公共機関

付・10-1　国立研究開発法人の研究機関

場・所名	〒	所在地および電話番号	
国立研究開発法人			
農業・食品産業技術総合研究機構			
農業環境研究部門	305-8604	つくば市観音台3-1-3	(029) 838-8148
中日本農業研究センター	305-8666	つくば市観音台2-1-18	(029) 838-8481
中日本農業研究センター 北陸研究拠点	943-0193	上越市稲田1-2-1	(025) 523-4131
北海道農業研究センター	062-8555	札幌市豊平区羊ヶ丘 1	(011) 851-9141
東北農業研究センター	020-0198	盛岡市下厨川字赤平4	(019) 643-3433
西日本農業研究センター	721-8514	福山市西深津町6-12-1	(084) 923-4100
西日本農業研究センター 四国研究拠点（仙遊地区）	765-8508	善通寺市仙遊町1-3-1	(0877) 62-0800
九州沖縄農業研究センター	861-1192	合志市須屋2421	(096) 242-1150
農村工学研究部門	305-8609	つくば市観音台2-1-6	(029) 838-7513
果樹茶業研究部門（つくば）	305-8605	つくば市藤本2-1	(029) 838-6416
畜産研究部門（つくば）	305-0901	つくば市池の台 2	(029) 838-8600
畜産研究部門 畜産飼料作研究拠点	329-2793	那須塩原市千本松768	(0287) 36-0111
野菜花き研究部門 安濃野菜研究拠点	514-2392	津市安濃町草生360	(059) 268-1331
果樹茶業研究部門茶業研究領域 金谷茶業研究拠点	428-8501	島田市金谷猪土居2769	(0547) 45-4101
国立研究開発法人 国際農林水産業研究センター	305-8686	つくば市大わし1-1	(029) 838-6313
国立研究開発法人　森林研究・整備機構			
森林総合研究所（つくば）	305-8687	つくば市松の里 1	(029) 873-3211
森林総合研究所北海道支所	062-8516	札幌市豊平区羊ケ丘 7	(011) 851-4131
森林総合研究所東北支所	020-0123	盛岡市下厨川字鍋屋敷92-25	(019) 641-2150
森林総合研究所関西支所	612-0855	京都市伏見区桃山町永井久太郎68	(075) 611-1201
森林総合研究所四国支所	780-8077	高知市朝倉西町 2-915	(088) 844-1121
森林総合研究所九州支所	860-0862	熊本市中央区黒髪4-11-16	(096) 343-3168
国立研究開発法人　国立環境研究所	305-8506	つくば市小野川6-2	(029) 850-2314

付・10-2 都道府県農業関係試験研究機関

場・所名	〒	所在地および電話番号	
(地独) 北海道立総合研究機構 農業研究本部			
中央農業試験場	069-1395	夕張郡長沼町東6線北15号	(0123) 89-2001
十勝農業試験場	082-0081	河西郡芽室町新生南9線2番地	(0155) 62-2431
北見農業試験場	099-1496	常呂郡訓子府町弥生52	(0157) 47-2146
上川農業試験場	078-0397	上川郡比布町南1線5号	(0166) 85-2200
道南農業試験場	041-1201	北斗市本町680番地	(0138) 77-8116
酪農試験場	086-1135	標津郡中標津町旭ヶ丘7番地	(0153) 72-2004
(地独) 青森県産業技術センター 農林総合研究所	036-0522	黒石市田中82-9	(0172) 52-4346
岩手県農業研究センター	024-0003	北上市成田20-1	(0197) 68-2331
宮城県農業・園芸総合研究所	981-1243	名取市高舘川上字東金剛寺1	(022) 383-8111
古川農業試験場	989-6227	大崎市古川大崎字富国88	(0229) 26-5100
秋田県農業試験場	010-1231	秋田市雄和相川字源八沢34-1	(018) 881-3312
山形県農業総合研究センター	990-2372	山形市みのりが丘6060-27	(023) 647-3500
福島県農業総合センター	963-0531	郡山市日和田町高倉字下中道116番地	(024) 958-1700
茨城県農業総合センター 農業研究所	311-4203	水戸市上国井町3402	(029) 239-7210
栃木県農業試験場	320-0002	宇都宮市瓦谷町1080	(028) 665-1241
群馬県農業技術センター	379-2224	伊勢崎市西小保方町493	(0270) 62-1021
埼玉県農林総合研究センター	360-0102	熊谷市須賀広784	(048) 536-0311
千葉県農林総合研究センター	266-0006	千葉市緑区大膳野町808	(043) 291-0151
(公財) 東京都農林水産振興財団 東京都農林総合研究センター	190-0013	立川市富士見町3-8-1	(042) 528-0505
神奈川県農業技術センター	259-1204	平塚市上吉沢1617	(0463) 58-0333
山梨県総合農業技術センター	400-0105	甲斐市下今井1100	(0551) 28-2496
長野県農業試験場	382-0072	須坂市小河原492	(026) 246-2411
新潟県農業総合研究所	940-0826	長岡市長倉町857	(0258) 35-0805
富山県農林水産総合技術センター 農業研究所	939-8153	富山市吉岡1124-1	(076) 429-2111
石川県農林総合研究センター 農業試験場	920-3198	金沢市才田町戊295-1	(076) 257-6911
福井県農業試験場	918-8215	福井市寮町辺操52-21	(0776) 54-5100
静岡県農林技術研究所	438-0803	磐田市富丘678-1	(0538) 35-7211

付・10-2　つづき

場・所名	〒	所在地および電話番号	
岐阜県農業技術センター	501-1152	岐阜市又丸 729-1	(058) 239-3131
愛知県農業総合試験場	480-1193	長久手市岩作三ケ峯 1-1	(0561) 62-0085
三重県農業研究所	515-2316	松阪市嬉野川北町 530	(0598) 42-6357
滋賀県農業技術振興センター	521-1301	近江八幡市安土町大中 516	(0748) 46-3081
京都府農林水産技術センター 農林センター	621-0806	亀岡市余部町和久成 9	(0771) 22-0424
(地独) 大阪府立環境農林水産総合研究所	583-0862	羽曳野市尺度 442	(072) 958-6551
奈良県農業総合センター	634-0813	橿原市四条町 88	(0744) 22-6201
和歌山県農業試験場	640-0423	紀の川市貴志川町高尾 160	(0736) 64-2300
兵庫県立農林水産技術総合センター 農業技術センター	679-0198	加西市別府町南ノ岡甲 1533	(0790) 47-2400
鳥取県農業試験場	680-1142	鳥取市橋本 260	(0857) 53-0721
島根県農業技術センター	693-0035	出雲市芦渡町 2440	(0853) 22-6708
岡山県農林水産総合センター 農業研究所	709-0801	赤磐市神田沖 1174-1	(086) 955-0271
広島県立総合技術研究所 農業技術センター	739-0151	東広島市八本松町原 6869	(082) 429-0522
山口県農林総合技術センター	753-0214	山口市大内御堀 1419	(083) 927-0211
徳島県農林水産総合技術支援センター 農産園芸研究課	779-3233	名西郡石井町石井字石井 1660	(088) 674-1940
香川県農業試験場	761-2306	綾歌郡綾川町北 1534-1	(087) 814-7311
愛媛県農林水産研究所	799-2405	松山市上難波甲 311	(089) 993-2020
高知県農業技術センター	783-0023	南国市廿枝 1100	(088) 863-4912
福岡県農業総合試験場	818-8549	筑紫野市大字吉木 587	(092) 924-2936
佐賀県農業試験研究センター	840-2205	佐賀市川副町南里 1088	(0952) 45-2141
長崎県農林技術開発センター	854-0063	諫早市貝津町 3118	(0957) 26-3330
熊本県農業研究センター	861-1113	合志市栄 3801	(096) 383-1111
大分県農林水産研究指導センター 農業研究部	879-7111	豊後大野市三重町赤嶺 2328-8	(0974) 22-0671
宮崎県総合農業試験場	880-0212	宮崎市佐土原町下那珂 5805	(0985) 73-2121
鹿児島県農業開発総合センター	899-3401	南さつま市金峰町大野 2200	(099) 245-1114
沖縄県農業研究センター	901-0336	糸満市真壁 820	(098) 840-8500

注　(地独)：地方独立行政法人，(公財)：公益財団法人

付・10-3 都道府県林業研究機関

場・所名	〒	所在地および電話番号	
(地独)北海道立総合研究機構 森林研究本部 林業試験場	079-0198	美唄市光珠内町東山	(0126) 63-4164
(地独)青森県産業技術センター 林業研究所	039-3321	東津軽郡平内町小湊字新道 46-56	(017) 755-3257
岩手県林業技術センター	028-3623	紫波郡矢巾町煙山第 3 地割 560-11	(019) 697-1536
宮城県林業技術総合センター	981-3602	黒川郡大衡村大衡はぬ木 14	(022) 345-2816
秋田県林業研究研修センター	019-2611	秋田市河辺戸島字井戸尻台 47-2	(018) 882-4511
山形県森林研究研修センター	991-0041	寒河江市寒河江丙 2707	(0237) 84-4301
福島県林業研究センター	963-0112	郡山市安積町成田西島坂 1	(024) 945-2160
茨城県林業技術センター	311-0122	那珂市戸 4692	(029) 298-0257
栃木県林業センター	321-2105	宇都宮市下小池町 280	(028) 669-2211
群馬県林業試験場	370-3503	北群馬郡榛東村新井 2935	(027) 373-2300
埼玉県農林部 寄居林業事務所森林研究室	369-1203	大里郡寄居町寄居 1587-1	(048) 581-0123
千葉県農林総合研究センター 森林研究所	289-1223	山武市埴谷 1887-1	(0475) 88-0505
(公財)東京都農林水産振興財団 東京都農林総合研究センター	190-0013	立川市富士見町 3-8-1	(042) 528-0538
神奈川県自然環境保全センター 研究企画部	243-0121	厚木市七沢 657	(046) 248-0323
山梨県森林総合研究所	400-0502	南巨摩郡富士川町最勝寺 2290-1	(0556) 22-8001
長野県林業総合センター	399-0711	塩尻市片丘 5739	(0263) 52-0600
新潟県森林研究所	958-0264	村上市鵜渡路 2249-5	(0254) 72-1171
富山県農林水産総合技術センター 森林研究所	930-1362	中新川郡立山町吉峰 3	(076) 483-1511
石川県農林総合研究センター 林業試験場	920-2114	白山市三宮町ホ 1	(076) 272-0673
福井県総合グリーンセンター	910-0336	坂井市丸岡町楽間 15	(0776) 67-0002
静岡県農林技術研究所 森林・林業研究センター	434-0016	浜松市浜北区根堅 2542-8	(053) 583-3121
岐阜県森林研究所	501-3714	美濃市曽代 1128-1	(0575) 33-2585
愛知県森林・林業技術センター	441-1622	新城市上吉田字乙新多 43-1	(0536) 34-0321
三重県林業研究所	515-2602	津市白山町二本木 3769-1	(059) 262-0110

付・10-3 つづき

場・所名	〒	所在地および電話番号	
滋賀県琵琶湖環境科学研究センター	520-0022	大津市柳が崎 5-34	(077) 526-4800
京都府農林水産技術センター 森林技術センター	629-1121	船井郡京丹波町本庄土屋 1	(0771) 84-0365
(地独)大阪府環境農林水産総合研究所 環境研究部自然環境グループ	572-0088	寝屋川市木屋元町 10-4	(072) 833-2770
奈良県森林技術センター	635-0133	高市郡高取町吉備 1	(0744) 52-2380
和歌山県林業試験場	649-2103	西牟婁郡上富田町生馬 1504-1	(0739) 47-2468
兵庫県立農林水産技術総合センター 森林林業技術センター	671-2515	宍粟市山崎町五十波 430	(0790) 62-2118
鳥取県林業試験場	680-1203	鳥取市河原町稲常 113	(0858) 85-6221
島根県中山間地域研究センター	690-3405	飯石郡飯南町上来島 1207	(0854) 76-2025
岡山県農林水産総合センター森林研究所	709-4335	勝田郡勝央町植月中 1001	(0868) 38-3151
広島県立総合技術研究所 林業技術センター	728-0013	三次市十日市東 46-1	(0824) 63-5181
山口県農林総合技術センター 林業技術部(林業指導センター)	753-0231	山口市大内氷上 4-1-1	(083) 927-0211
徳島県立農林水産総合技術 支援センター 資源環境研究課	779-3233	名西郡石井町石井字石井 1660	(088) 674-1954
香川県森林センター	769-0317	仲多度郡まんのう町新目 823	(0877) 77-2515
愛媛県林業研究センター	791-1205	上浮穴郡久万高原町菅生 2-280-38	(0892) 21-2266
高知県森林技術センター	782-0078	香美市土佐山田町大平 80	(0887) 52-5105
福岡県農林業総合試験場 資源活用研究センター	839-0827	久留米市山本町豊田 1438-2	(0942) 45-7870
佐賀県林業試験場	840-0212	佐賀市大和町池上 3408	(0952) 62-0054
長崎県農林技術開発センター	854-0063	諫早市貝津町 3118	(0957) 26-3330
熊本県林業研究・研修センター	860-0862	熊本市中央区黒髪 8-222-2	(096) 339-2221
大分県農林水産研究指導センター 林業研究部	877-1363	日田市有田字佐寺原 35	(0973) 23-2146
宮崎県林業技術センター	883-1101	東臼杵郡美郷町西郷田代 1561-1	(0982) 66-2888
鹿児島県森林技術総合センター	899-5302	姶良市蒲生町上久徳 182-1	(0995) 52-0074
沖縄県森林資源研究センター	905-0012	名護市名護 4605-5	(0980) 52-2091

注 (地独):地方独立行政法人,(公財):公益財団法人

付・10-4 国公立大学

大学名・学部名	〒	所在地および電話番号	
北海道大学農学部	060-8589	札幌市北区北9条西9丁	(011) 706-2506
帯広畜産大学畜産学部	080-8555	帯広市稲田町西2線11番地	(0155) 49-5216
弘前大学農学生命科学部	036-8561	弘前市文京町 3	(0172) 39-3748
岩手大学農学部	020-8550	盛岡市上田3-18-8	(019) 621-6103
東北大学農学部	980-8572	仙台市青葉区荒巻青葉 468-1	(022) 757-4003
山形大学農学部	997-8555	鶴岡市若葉町1-23	(0235) 28-2805
福島大学食農学類	960-1296	福島市金谷川 1	(024) 549-0061
茨城大学農学部	300-0393	稲敷郡阿見町中央3-21-1	(029) 887-1261
筑波大学生物資源学類	305-8572	つくば市天王台1-1-1	(029) 853-6031
宇都宮大学農学部	321-8505	宇都宮市峰町 350	(028) 649-8172
千葉大学園芸学部	271-8510	松戸市松戸 648	(047) 308-8706
東京大学農学部	113-8657	文京区弥生1-1-1	(03) 5841-5005
東京農工大学農学部	183-8509	府中市幸町3-5-8	(042) 367-5655
新潟大学農学部	950-2181	新潟市西区五十嵐2の町 8050	(025) 262-6603
信州大学農学部	399-4598	上伊那郡南箕輪村 8304	(0265) 77-1300
静岡大学農学部	422-8529	静岡市駿河区大谷 836	(054) 238-4810
名古屋大学農学部	464-8601	名古屋市千種区不老町	(052) 789-5266
岐阜大学応用生物科学部	501-1193	岐阜市柳戸1-1	(058) 293-2834
三重大学生物資源学部	514-8507	津市栗真町屋町 1577	(059) 231-9626
京都大学農学部	606-8502	京都市左京区北白川追分町	(075) 753-6490
神戸大学農学部	657-8501	神戸市灘区六甲台町1-1	(078) 803-5921
鳥取大学農学部	680-8553	鳥取市湖山町南4-101	(0857) 31-5343
島根大学生物資源科学部	690-8504	松江市西川津町 1060	(0852) 32-6493
岡山大学農学部	700-8530	岡山市津島中1-1-1	(086) 251-8273
広島大学生物生産学部	739-8528	東広島市鏡山1-4-4	(082) 424-7904
山口大学農学部	753-8515	山口市吉田 1677-1	(083) 933-5800
香川大学農学部	761-0795	木田郡三木町池戸 2393	(087) 891-3008
愛媛大学農学部	790-8566	松山市樽味3-5-7	(089) 946-9803
高知大学農林海洋科学部	783-8502	南国市物部乙 200	(088) 864-5114

付・10-4　つづき

大学名・学部名	〒	所在地および電話番号	
九州大学農学部	819-0395	福岡市西区元岡 744	(092) 802-4505
佐賀大学農学部	840-8502	佐賀市本庄町 1	(0952) 28-8713
宮崎大学農学部	889-2192	宮崎市学園木花台西 1-1	(0985) 58-2875
鹿児島大学農学部	890-0065	鹿児島市郡元 1-21-24	(099) 285-8515
琉球大学農学部	903-0213	中頭郡西原町千原 1	(098) 895-8734
秋田県立大学生物資源科学部	010-0195	秋田市下新城中野街道端西 241-438	(018) 872-1500
新潟食糧農業大学食料産業学部	959-2702	胎内市平根台 2416	(0254) 28-9855
東京都立大学都市環境学部	192-0397	八王子市南大沢 1-1	(042) 677-1111
石川県立大学生物資源環境学部	921-8836	野々市市末松 1-308	(076) 227-7220
福井県立大学生物資源学部	910-1195	吉田郡永平寺町松岡兼定島 4-1-1	(0776) 61-6000
滋賀県立大学環境科学部	522-8533	彦根市八坂町 2500	(0749) 28-8301
京都府立大学生命環境学部	606-8522	京都市左京区下鴨半木町 1-5	(075) 703-5179
大阪府立大学生命環境科学域	599-8531	堺市中区学園町 1-1	(072) 254-9400
県立広島大学生命環境学部	727-0023	庄原市七塚町 5562	(0824) 74-1000

付・10-5　私立大学

大学名・　学部名	〒	所在地および電話番号	
酪農学園大学農食環境学群	069-8501	江別市文京台緑町 582	(011) 386-1111
北里大学獣医学部	034-8628	十和田市東二十三番地 35-1	(0176) 23-4371
玉川大学農学部	194-8610	町田市玉川学園 6-1-1	(042) 739-8111
東京農業大学応用生物科学部	156-8502	世田谷区桜丘 1-1-1	(03) 5477-2917
東京農業大学生物産業学部	099-2493	網走市八坂 196	(0152) 48-3811
日本大学生物資源科学部	252-0880	藤沢市亀井野 1866	(0466) 84-3800
明治大学農学部	214-8571	川崎市多摩区東三田 1-1-1	(044) 934-7573
名城大学農学部	468-8502	名古屋市天白区塩釜口 1-501	(052) 832-1151
近畿大学農学部	631-8505	奈良市中町 3327-204	(0742) 43-1511
摂南大学農学部	573-0101	枚方市長尾峰町 45-1	(072) 896-6000
東海大学農学部	862-8652	熊本市東区渡鹿 9-1-1	(096) 382-1141
南九州大学環境園芸学部	885-0035	都城市立野町 3764-1	(0986) 21-2111

改訂新版
土壌調査ハンドブック　　定価 2,530 円
本体 2,300 円＋税 10％

検印省略　2021 年 5 月 25 日　第 1 刷発行

日本ペドロジー学会編
代　表　金 子 真 司

発行者　大 橋 一 弘

発行所　株式会社　博 友 社

〒 116-0002　東京都荒川区荒川 5-9-7
電　話　東京（03）6458-3872
ＦＡＸ　東京（03）5604-3393

社団法人　自然科学書協会会員

印刷・製本・（株）太洋社

ISBN978-4-8268-0228-4